CONSERVATION INTERNATIONAL
保护国际基金会

鄱阳湖的奇趣生活

The Wonderful Life at Poyang Lake

鄱阳湖湿地和鸟类保护自然教育读物

江西鄱阳湖国家级自然保护区管理局　保护国际基金会（CI）
FAO-GEF江西省湿地保护区体系示范项目管理办公室
组织编写

中国林業出版社
·北京·

图书在版编目(CIP)数据

鄱阳湖的奇趣生活：鄱阳湖湿地和鸟类保护自然教育读物 / 江西鄱阳湖国家级自然保护区管理局，保护国际基金会（CI），FAO-GEF江西省湿地保护区体系示范项目管理办公室组织编写. -- 北京:中国林业出版社, 2022.11

ISBN 978-7-5219-1931-8

Ⅰ. ①鄱… Ⅱ. ①江… ②保… ③F… Ⅲ. ①鄱阳湖—沼泽化地—自然资源保护—普及读物②鄱阳湖—沼泽化地—鸟类—动物保护—普及读物 Ⅳ. ①P942.560.78-49②Q959.7-49

中国版本图书馆CIP数据核字(2022)第196216号

中国林业出版社·自然保护分社（国家公园分社）

策划编辑：肖　静

责任编辑：葛宝庆　肖　静

出版发行　中国林业出版社(100009　北京市西城区刘海胡同7号)

印　　刷　北京雅昌艺术印刷有限公司

版　　次　2022年11月第1版

印　　次　2022年11月第1次印刷

开　　本　889毫米×1194毫米　1/16

印　　张　8.5

字　　数　100千字

定　　价　50.00元

鄱阳湖的奇趣生活
THE WONDERFUL LIFE AT POYANG LAKE

编委会

主　　任：刘　宾

副 主 任：程淳姬　俞长好　王青春　邓兆芳　刘晓海

委　　员：李　鹤　姚春生　刘永功　欧阳峰　于秀波　彭铁英
聂　林　伍旭东　周云南　毛炳发　文思标　吴建东
王　宇　黄文彬

主　　编：徐志文　张　诚　胡　菲

副 主 编：龚磊强　熊超逸　易　清　罗星碧

编写人员：刘芳菁　詹慧英　胡　晓　黄　亮　曾静湘　黄　莎
林发荣　徐　翔　舒国雷　张宗华　梅　勇　黄锦波
詹媚娟　易武生　高　翔　廖宝雄　余锦平　章　彪
陈荻薇　王水清　罗　浩　余定坤　陈子君　汤　腾
吴风欣　冯国栋

图片提供：江西鄱阳湖国家级自然保护区管理局
(署名除外)　江西鄱阳湖南矶湿地国家级自然保护区管理局
江西都昌县候鸟自然保护区管理局
保护国际基金会

装帧设计：骆子圆　赵奕轩

插画设计：张菲菲　刘谨铭

本书由联合国粮食及农业组织 (FAO)– 全球环境基金 (GEF) 江西省湿地保护区体系示范项目资助编写，由保护国际基金会 (CI)– 赛得利 (Sateri) 鄱阳湖淡水健康和湿地保护项目资助出版。

序

探索湿地这座“生命的博物馆”

湿地被誉为“地球之肾”“生命摇篮”，与森林、海洋并称地球三大生态系统，为人类提供净化水质、涵养水源、蓄洪防旱、调节气候等多种生态功能，并孕育了人类的文明；湿地也是“生命的博物馆”，是自然界最富生物多样性的景观之一。

江西省有着宝贵的湿地资源，这是大自然赐予我们的珍宝。其中，承纳赣江、抚河、信江、饶河、修河五大河流的鄱阳湖，是中国最大的淡水湖泊，是对中国和世界都具有重要意义的湿地，是东亚—澳大利西亚候鸟迁飞路线上最重要的候鸟越冬地，也是众多珍稀鱼类、哺乳类动物的重要栖息地。白鹤、长江江豚等珍稀濒危物种，都以鄱阳湖作为生生不息的家园。

然而，人类的发展需要自然的给予，其与自然之间的动态平衡有时难以把握，会出现失衡。不全面的认识和不科学的观念，使过度的人类活动导致湿地功能衰退、候鸟等湿地物种赖以生存的栖息地日渐萎缩。人类活动以及气候变化等因素的影响，对鄱阳湖的湿地产生了诸多挑战。

人与自然如何和谐共生，是我们共同面临的深刻问题。提高科学认识、加强人与自然和谐共生是生命共同体的观念，非常重要，这关系到湿地等生态系统的未来，更关系到人类的命运。

著名的生物学家珍·古道尔(Jane Goodall)曾说：“唯有了解，才会关心；唯有关心，才会行动；唯有行动，才有希望。”孩子是我们的未来，他们接受的教育、对世界的感知、幼小心灵中萌生的观念，将会形成人类未来的认知和行动。让孩子们从小了解湿地、关心湿地，未来才有可能爱护湿地，并在日常行为和未来工作中，对人类发展与自然保护的平衡关系做出更明智的选择。这也是编写这本湿地自然教育读物的初衷。

为了更好地践行“绿水青山就是金山银山”的发展理念，切实保护好湿地资源，为绿色生态江西发展作出贡献，贯彻教育部办公厅等四部门颁布的《关于在中小学落实习

近平生态文明思想、增强生态环境意识的通知》等文件精神，以《江西省林业生物多样性保护公报》为依据，联合国粮食及农业组织(FAO)-全球环境基金（GEF）江西省湿地保护区体系示范项目联合江西鄱阳湖国家级自然保护区管理局、保护国际基金会等单位，编写了这本《鄱阳湖的奇趣生活——鄱阳湖湿地和鸟类保护自然教育读物》自然教育读物。该书贯彻寓教于乐的原则，通过童话故事、手绘插图等方式，图文并茂地向孩子们传达湿地和候鸟的知识、与自然和谐相处的理念，内容丰富，极具科学性、趣味性和可读性，凝聚了生态保护工作者、自然教育工作者、科普宣传工作者的共同心血。

希望大家拿起这本书，将它作为认识鄱阳湖、探索湿地这座“生命的博物馆”的一扇门，打开门、走进去、了解她、欣赏她、敬畏她、爱护她。通过阅读和思考，树立环境意识、生态意识，对鄱阳湖、对湿地产生热爱，并一起行动起来，从一点一滴的小事做起，爱护湿地，成长为建设和守护绿色江西、美丽中国、和谐世界的主人翁。

编委会

2022年11月

目录

同学们，

你知道什么是湿地吗?

你去过湿地吗?

在湿地，你是否看到天空中飞翔的鸟儿?

你认识它们吗?

你听说过湿地自然保护区吗？知不知道那里是干什么的?

“枯水一线，丰水一片”的鄱阳湖奇观，你见过吗?

你会不会好奇，这里还生活着哪些有趣的自然精灵?

它们在鄱阳湖又有怎样的故事?

湿地与鸟类

你知道吗？很多鸟类的繁殖和迁徙都离不开湿地，于是湿地被称为“鸟类乐园”。因其强大的生态净化功能，湿地又被称为“地球之肾”。到底什么是湿地呢？

根据《中华人民共和国湿地保护法》，湿地是指具有显著生态功能的自然或者人工的常年或者季节性积水地带、水域，包括低潮时水深不超过6米的海域，但是水田以及用于养殖的人工的水域和滩涂除外。也就是说，沼泽、泥炭地、湿草甸、湖泊、河流、河口三角洲、天然滩涂等都是湿地。全球湿地面积约为12.1亿公顷，约占地球陆地面积的2.4%。中国是仅次于加拿大、美国、俄罗斯之后的湿地第四大国。

根据《第三次全国国土调查主要数据公报》，截至2019年，我国共有湿地2346.93万公顷，各类湿地的占比如图1。我国现有国际重要湿地64处，湿地自然保护区超过600个，还有899处国家湿地公园。

图1 截至2019年，我国各类湿地的占比图

江西省地处中国东南部，长江中游南岸，四季分明，气候温暖湿润。根据《江西省林业生物多样性保护公报》，省内湿地面积127.6万公顷，占全省面积的7.6%，共有重要湿地46处，国际重要湿地2处(江西鄱阳湖国际重要湿地、江西鄱阳湖南矶国际重要湿地)，国家重要湿地2处，省重要湿地44处，湿地保护率达到62%。鄱阳湖是我国最大的淡水湖，是我国唯一的“世界生命湖泊网”成员，被誉为“天然大鱼库”“鸟类天堂”“白鹤王国”，鄱阳湖湿地在全球湿地保护和生物多样性保护领域均扮演着无可替代的角色（图2）。

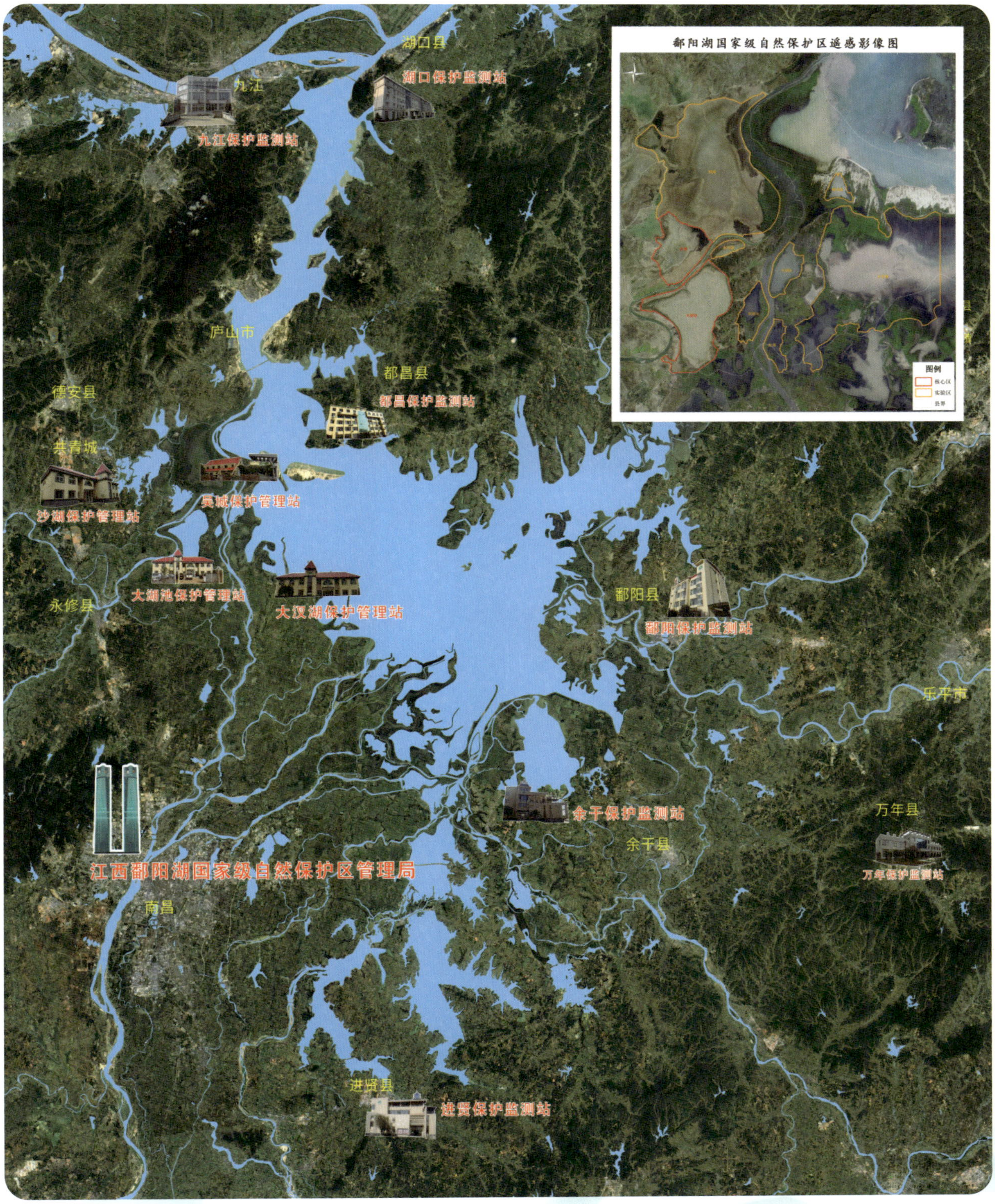

图2 鄱阳湖国家级自然保护区遥感影像及保护管理/监测站分布信息

1983年，江西省人民政府批准建立了全省第一个以湿地珍稀候鸟及其栖息地为主要保护对象的保护区——鄱阳湖自然保护区。1988年经国务院批准，这个保护区晋升为国家级自然保护区，1992年，成为我国最早列入《国际重要湿地名录》的湿地。21世纪以来，在鄱阳湖又陆续建立了江西鄱阳湖南矶湿地国家级自然保护区和都昌候鸟省级自然保护区两个主要的湿地保护区。此外，江西省还在鄱阳湖的天然水域设立了鱼类繁殖保护区。

獐©廖章文

江豚与白鹤 ©Olivier Langrand

鄱阳湖生物资源丰富，有鸟类463种，包括国家一级重点保护野生鸟类19种，如白鹤、白头鹤、白枕鹤、黑鹳（guàn）、东方白鹳、青头潜鸭、黑脸琵(pí)鹭(lù)、中华秋沙鸭、乌雕（diāo）、遗鸥等；国家二级重点保护野生鸟类73种，有白琵鹭、灰鹤、大天鹅、小天鹅、鸿雁、白额雁、小白额雁、普通秋沙鸭、棉凫（fú）、鸳（yuān）鸯（yāng）、花脸鸭、鹗（è）、白腹鹞（yào）、白尾鹞、鹊鹞、凤头鹰等。其中，《世界自然保护联盟濒危物种红色名录》（简称《IUCN红色名录》）受胁物种 33 种，包括极危物种（CR）青头潜鸭、白鹤和黄胸鹀（wú）3种，濒危物种（EN）东方白鹳、黑脸琵鹭、中华秋沙鸭、大杓（sháo）鹬（yù）4种。

鄱阳湖都昌水域的小天鹅©杨帆

低水位的鄱阳湖老爷庙水域

高水位的鄱阳湖老爷庙水域，滩涂已经完全没入水中

值得一提的是，全球有90%的白鹤、80%以上的东方白鹳、70%以上的白枕鹤在鄱阳湖越冬。这里还是世界上最大的鸿雁种群越冬地（数量达6万多只），也是中国最大的小天鹅种群越冬地（最高数量达9万多只），同时也是大量珍稀候鸟的重要迁徙通道和停歇地。

“碧绿”是鄱阳湖春天的代表色，春天的鄱阳湖是一片广袤无垠的大草原，有高高的南荻（dí）和芦苇，也有低矮成片的苔草和美丽的紫云英（红花草）。“蔚蓝”可谓是夏天的鄱阳湖的代表色，夏天的鄱阳湖是一汪无边无际的海洋，民间将其誉为“鄱阳湖海”。“仙气紫”可谓是秋天的鄱阳湖的代表色，秋天蓼（liǎo）子花开，候鸟仙子们纷纷到来，鄱阳湖如仙境一般。“大地色”可谓是冬天的鄱阳湖代表色，冬季的鄱阳湖枯水一线，滩涂尽显，远看荒芜，实则热闹非凡，几十万越冬候鸟在此栖息，绵延成片，十分壮观。

候鸟为什么偏爱鄱阳湖，它们在鄱阳湖又有什么样的生活故事？接下来，跟我们一起开始这趟奇趣之旅吧！

鄱阳湖五河入湖简图

秋天对于白鹤家族而言，是远行的季节。
告别了第一次睁开双眼看见的世界，
鹤宝努力学着爸爸妈妈的样子，一路往南飞。
这是鹤宝的第一次长途飞行，
五千千米，精疲力尽。
然而，就在抵达鄱阳湖的那一刻，终于云开雾散了：
那条挂在山间的银丝带，就是“飞流直下三千尺”的庐山瀑布吧？
那条横在地面上的银丝带，是什么呢？
还有一座桥，桥下来来往往的，是堆满货物的船。
传说中海一样的鄱阳湖，怎么竟成了一条河？
不过，河滩上连片的紫色小花。真美呀！
但是，等等！
岸边还有那么多的房屋、农田和人，
这是一个什么样的地方呢？

初识鄱阳湖

01 不远千里

秋天的风，跨越高山大海，拂遍旷野田园，阵阵清凉之中闪着金光、带着果香，托起了远航的翅膀。

天空涂满了湛蓝，一支“人”形的队伍正不紧不慢地行进着。腿脚挺直，嘴巴伸平，宽大的翅膀不时缓缓起伏，白鹤们搭乘气流，浩浩荡荡前往目的地。

第一次参加风中旅行的鹤宝，在鹤爸鹤妈的呵护下，跟随白鹤大家族，从俄罗斯的雅库特出发，一路向南，已经飞行了5000多千米。

“再有半天就到终点！”领队正式宣布。瞬间，欢呼声和加油声响彻云霄。鹤宝使劲拉长脖子，紧盯着前方大地，真恨不得再长出一双翅膀。

早在学习飞行的时候，鹤宝就知道自己是迁徙一族的候鸟。随着季节变换，每年候鸟们都要举家迁往越冬地，然后赶在夏季来临之前又回到出生地，组建家庭繁衍后代。遥远的路程，非常考验体能和耐力，而漫长的旅途，还潜藏着难以预料的危险和艰辛。

作为候鸟，身强力壮，有勇有谋，是出门必备的素质。鹤宝每天认真吃饱喝足，努力掌握飞行技巧，外加数不清的疑问四处寻求解答。迁徙，是为了更多好吃的，更加温暖舒适的环境。不过鹤宝总觉得，迁徙肯定有更深的意义，可眼下首飞都快完成了，似乎也没多少领悟。

阳光渐渐柔和，淡淡橘粉色映入了鹤宝的眼底，也洒在了水波上。陆陆续续，白鹤们引吭高歌，悠远的鸣唱回荡于天地之间，大部队顺利抵达越冬地——中国江西的鄱阳湖。

“到啦！大名鼎鼎的鄱阳湖！”喧闹中依稀有谁喊道。

大湖边的草洲上，各个家族的候鸟，左一群右一团地歇着，看样子都是到了没多久。刚跟着大伙落地的鹤宝，正打算起飞一探究竟，却被鹤妈用翅膀按住了。

【延伸阅读】

迁徙（xǐ）的候鸟

按季节规律，一些鸟类在繁殖区与越冬区之间大规模地来回运动，称为迁徙，这些鸟类就属于候鸟。相对应地，一般不迁徙的鸟类，则称为某地的留鸟。

每种候鸟拥有自己的越冬地和繁殖地。这些地方由先辈们探寻甄选，在候鸟族群中代代相传沿用至今，这是鸟类世界里，凝结智慧的家族传承。

而声势浩大的换季大迁徙，也是地球上的一大自然奇观，候鸟严格遵循传统，年年原路往返。根据传统的候鸟迁徙路线，我们将候鸟所经过的地区划定为迁飞区。目前，全球9大迁飞区里，有4个途经中国，其中，东亚—澳大利西亚迁飞区是我国最重要的迁徙路线。

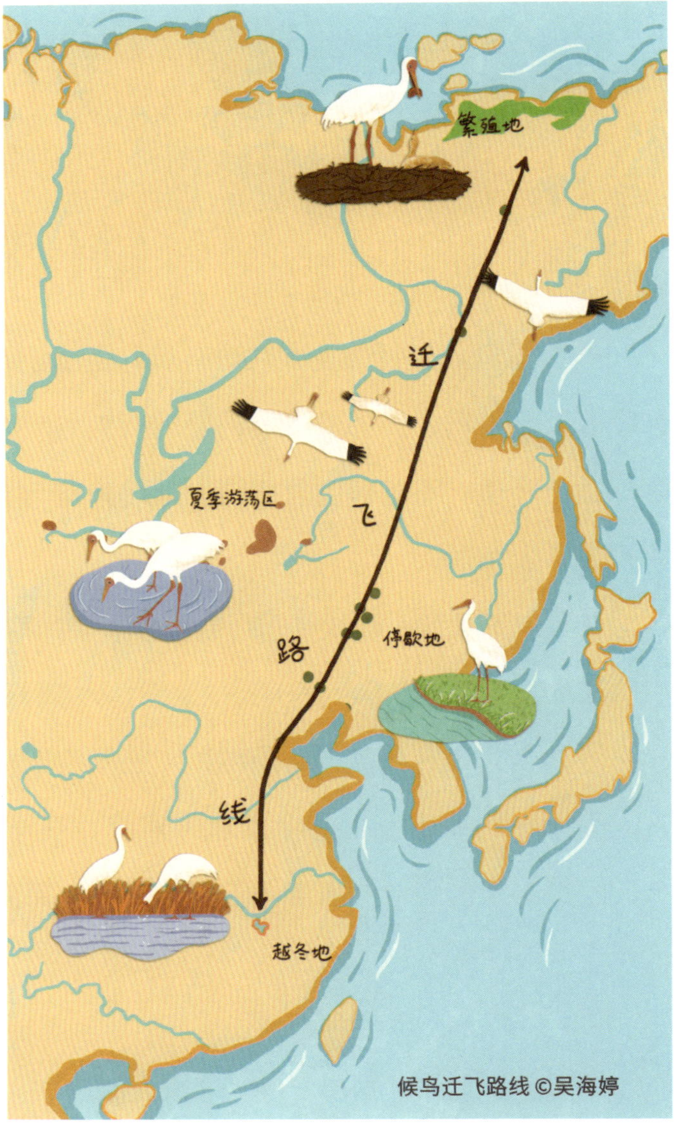

候鸟迁飞路线 ©吴海婷

蜿蜒的长江好似一条巨龙，在龙的腰部佩戴着的最大块的美玉就是鄱阳湖。鄱阳湖是一个天然湿地，“春夏季涨水、秋冬季退水”的水文节律，呈现出四季变换的地貌特征，带来了丰富多样的生物种类，为东亚—澳大利西亚候鸟迁飞区中的候鸟提供了充足的食物和广阔、安全的栖息环境。因此，鄱阳湖成为最重要的候鸟越冬地之一。

【思考/活动】

- 你见过迁徙的候鸟吗？候鸟飞行时排着什么样的队伍？
- 它们的叫声是什么样的？
- 通过体形与声音，你能认出它们是谁吗？

迁徙途中的鸿雁

02 初来乍到

烟波浩渺之间，一座长桥宛如腰带横亘（gèn）大湖，这里大概是鄱阳湖较窄的位置，然而，顺眼望去，对岸远至天际，唯见山影朦胧。

鄱阳湖有多大？鹤宝无聊地踢着身边的苔草，在泥地上踏出好多脚印，按捺住心头强烈的好奇。因为，此刻的任务就是，乖乖休息，严禁乱跑。

一片嘈杂从空中袭来，又有候鸟部队抵达迁徙目的地。降落前，凌乱拥挤搭配大声嚷嚷，这风格十有八九是雁。它们大幅度地摇晃着，排出翅膀下方的气流，双脚早早就向前绷成了用力撑住的姿势，大大的脚蹼透过阳光，橙红得异常亮眼。

就在鹤宝跟前，这一大队白额雁纷纷生硬着陆，还得再续上几步缓冲才算是站稳了。看着它们跌跌撞撞的样子，鹤宝心想，若不是泥地够软，每只白额雁落地肯定会“砰”的一声。

“妈呀，累死我了……”白额雁们站着、蹲着、趴着，气都喘不利索就聊了起来，“那么远，那么远……真是日夜兼程……马不停蹄……”“哪有？休息了好多次啊，你哪次不是吃到撑不下……”“披星戴月的，太磨炼意志了！”“风雨夜摸黑赶路才是最酷的……”“上回咱们不是迷路了嘛，白白绕好久……”

雁群七嘴八舌，鹤宝听得乐呵。回想自己的迁徙之旅，一个大收获就是，沿途遇见了很多种候鸟。大家各有各的迁徙习惯，但每一只候鸟都不得不经历千辛万苦。

长途跋涉，风云难测，漫漫迁徙路上还要懂得挑选驿站，以便安心地歇脚吃饭。因而，绝大部分候鸟会组团迁徙，尤其是跟着经验丰富又能随机应变的领队非常重要。于是，鹤宝的心底，悄悄萌生了一个梦想：成为一名出色的领队。

【延伸阅读】

飞行保障

年复一年的迁徙，想要保障安全顺利到达迁徙的目的地，除了靠谱的领队外，还得配备一套集合着天地灵气的“导航系统”。

候鸟不仅能通过观察日月星辰、陆地上的标志物来进行定位，还能感应地球磁场，并依靠嗅觉、听觉等感官以确定方向。

迁徙的形式因鸟而异，有的白天飞，有的晚上飞，也有的日夜兼程，有排队的，有凑团的，也有松散无形的，候鸟们会采取各自认为最有效的方式飞行。

初冬迁飞到鄱阳湖落脚的白鹤和鸿雁，找一找，鹤宝在哪里

鸟类想要飞行，不恐高只是前提，关键得有发达的胸肌和翅膀，利用飞羽划动空气产生升力，让自己翱翔天际。鸟类的身体通常很轻巧，骨骼中空但足够坚硬，还能随时随地排便以减轻体重。

【思考/活动】

- 你留意到鸟类是怎样降落的吗？
- 它们是怎样落在地上的？是怎样落在树枝上的？
- 如果落在水面，又会做怎样的准备呢？

灰雁降落水面©汤腾

03 大湖之秋

早晨的空气，裹着湖水与草地的味道。白鹤族群的迁徙队伍已经解散，接下来的鄱阳湖生活，便是小家庭的亲子时光。

按照鹤妈的安排，这会儿先在大湖边吃点东西。鹤爸依旧绅士地立在一旁，密切关注周围动静，认真站好守卫岗。鹤宝却有些心不在焉，随便叨了几口，便沉浸于自己的思绪。

据说，鄱阳湖是候鸟天堂，每年秋冬来到这里的候鸟高达50余万只。而且，全世界90%以上的白鹤都会在鄱阳湖过冬，直接将此地挂牌“白鹤王国”了。

能招待这么多候鸟欢度寒假，鄱阳湖究竟是什么样子的？领队必须掌握清楚。鹤宝默默列了份任务清单，迫不及待想看鄱阳湖的全貌。

不知何时有只八哥落在附近，黑乎乎的一身反倒让鹤宝眼前一亮。八哥是留鸟，常住此地肯定知道不少。鹤宝赶忙凑近了些，压低脖子和声音与八哥攀谈起来。

“你要画一幅全景地图？”八哥歪了歪脑袋，打量着高大的鹤宝，“候鸟到了越冬地，不就是吃吃喝喝，聊会天，轻轻松松度个假嘛。”

见鹤宝直摇头，八哥原地蹦了蹦说：“看看我们都昌，多美！真想认识鄱阳湖，也得一步一步来，你站过的每块地方都值得了解。”

大湖之辽阔，让整个世界趋于平静，风在水面描纹，三三两两的长江江豚，不时顶出半个脑袋，将波浪绊得踉踉跄跄。湖畔，薄薄地铺着一层粉紫色，如雾蔓延到了脚边。此刻的鹤妈与鹤爸，已在花毯上翩翩起舞。

蓼子草的花，细如米粒又矮小稀疏。鹤宝起初没留意那些星星点点，这下才恍然大悟，“草色遥看近却无”呀，而自己的急于求成，竟然屏蔽了这么多美好。

“夏天也这样吗？”鹤宝问。

“不同的美。”八哥笑笑说，“有意思。夏候鸟想看这里的冬天，冬候鸟也想知道夏天的模样。”

“夏候鸟？难道是跟我们反方向迁徙？”鹤宝迷惑了。

【延伸阅读】

夏候鸟和冬候鸟

就某个地方而言，夏天来繁殖的候鸟称为此地的夏候鸟，冬天来过冬的就是此地的冬候鸟了。

在迁徙过程中，由于天气恶劣或是自身失误，偶尔有掉队的候鸟偏离了既定路线，出现在本族几乎不会去的区域，就被称为那个地方的迷鸟。好在大多数迷鸟充分休整后能够回归正轨，重新找到大部队。

每年5月和10月的第二个星期六，是一年两度的世界候鸟日。候鸟们每到春秋，便会奔波往返于繁殖地和越冬地之间。世界候鸟日的设立，旨在强调保护候鸟及其栖息地的重要性，以及国际合作的必要性。

【思考/活动】

- “鄱湖鸟，知多少，飞时不见云和月，落时不见湖边草。”你听过这一句关于鄱阳湖鸟类的谚语吗？
- 你知道鄱阳湖的夏候鸟、冬候鸟和留鸟分别有哪些吗？

灰鹤与蓼花 ©杨帆

04 安居乐业

“如果候鸟都不在，只有我们留鸟，鄱阳湖的夏天岂不很无聊。”八哥吹了吹嘴上那一大撮胡子，继续聊着。

“夏候鸟可没你们这么大阵势，但也特别有意思。我有一个热带朋友，蓝喉蜂虎，简直就是夏日精灵，五彩斑斓又纤巧敏锐。每年从南方过来，等我们各自忙完了孩子的事，就凑到一块聊聊生活。那时刚入秋，天还很热，湖还很宽，我给它讲这里下雪……”

“夏天的湖面比现在还大？”鹤宝听得仔细，问题也多了起来。

“当然。冬天里又会窄到不可思议，形成著名的枯水一线。”八哥说。

“从汪洋一片到枯水一线，鄱阳湖太神奇了！”鹤宝的脑海里，似乎看到蜻蜓在水岸飞舞，很快，水消失了，又变成雪花飘落。

“好玩的多着呢。看，故事大王来了。”顺着八哥的指向，草丛里有团白色的身影正朝这边移动。

“秋高气爽，最宜郊游。”一只小天鹅步履蹒跚地过来打招呼。

“我的老朋友，这里的老住户，故事三天三夜讲不完。”八哥介绍道。

看出了鹤宝的疑惑，小天鹅笑笑说：“我从候鸟变成留鸟了。无奈，但庆幸能活着。”

鹤宝全身的好奇都被召集了，想听下去，却又全神贯注到忘记开口。小天鹅倒也爽快，收了收脖子就开讲。

“那年迁徙路上，我受了重伤，拼着最后的力气冲到鄱阳湖。等恢复知觉，我发现是在一间屋子里，身上被绑得很紧。我以为自己快要死了。不过，后来一直有人类照顾我，住得暖和，吃得丰盛，伤口也恢复得快。之后，又陆续来了几只受伤的鸟，我才明白那儿是人类建立的候鸟医院。”小天鹅说着，张开骨骼变形的右翅，“不能飞了，留下来也挺好。”

“飞不起来……遇到危险怎么办？”鹤宝又紧张。又担忧。

“这里是自然保护区呢。只要留意野兽，自己别摔着了，安全得很。”小天鹅回答道，“天地开阔环境好，食物丰富朋友多，我相当满足。”

鹤宝若有所思地点点头，没太明白自然保护区是什么，转头看向鹤爸鹤妈。它们就在身后，认真听着故事。

【延伸阅读】

自然保护区

自然保护区，是为了保护珍稀濒危的野生动物、野生植物，以及有代表性的自然生态系统、具有特殊意义的自然遗迹等，划出一定面积进行特殊的保护和管理的区域。中国的自然保护区分为国家级自然保护区和地方级自然保护区。

比如，江西鄱阳湖国家级自然保护区，主要职能是保护鄱阳湖以白鹤为代表的珍稀候鸟和湿地生态环境，开展与生态保护相关的科学研究，科学地、可持续地利用自然资源。

保护区内最辛苦的一项日常工作，就是鸟类监测与巡护。

丰水期的江西鄱阳湖南矶湿地国家级自然保护区©罗鹍

在自然保护区内，野生动物的安全，不仅由工作人员守护，这里的一草一木都受到法律保护。《中华人民共和国自然保护区条例》，正是为加强自然保护区的建设和管理，保护自然环境和自然资源而制定的。

此外，《江西省候鸟保护条例》和《江西省湿地保护条例》等诸多地方性法律法规的实施，能够帮助各级行政机构更深入、更全面地管理自然保护区。

【思考/活动】

- 你知道自然保护区吗？
  在你生活的附近，有哪些自然保护区？
- 如果遇到受伤的鸟类或其他野生动物，我们应该怎么做？

枯水期的江西鄱阳湖南矶湿地国家级自然保护区©罗鹏

05 保护故事

社区共管：与鄱阳湖的居民一起保护家园

位于鄱阳湖东北的都昌县，有着漫长的湖岸线，每年水落滩出以后，南归的鸟儿沿着岸线觅食、休憩，它们的活动区域与沿湖村落居民的生产、生活区域有极大的重合。在不太遥远的过去，人们甚至会直接猎杀湖区的鸟儿食用，割草、捕鱼、放牧等生产行为也是他们的生活日常。以保护鄱阳湖候鸟和湿地为己任的都昌候鸟省级自然保护区，为了让保护工作深入湖区的每个不易抵达的角落，采取了社区共管的办法：一方面鼓励沿湖居民成为护鸟员，参与湿地和候鸟的保护工作；另一方面，保护区跟社区居民共同探讨如何改善生产、生活方式，才能让沿湖居民的生产生活跟湿地、候鸟互不干扰，让大自然休养生息，让人与自然更好地和谐相处，保护、发展各取所需。

让我们从接下来的几个故事里，去了解保护区和沿湖村庄之间如何密切协作，共同保护鄱阳湖水草丰美、万鸟齐飞的原生态景观。

社区巡护员正在进行鸟类观测

马影湖生态社区：让自然和社区和谐发展

鄱阳湖的大湖北面，有一处被当地人称为“马影湖”的湖区，经过多年的持续观测，人们发现鸟儿们在每年秋季回到鄱阳湖的时候，常常会选择在这里落脚，吃饱喝足以后，再寻觅更广阔的湖区度过漫长的冬天。在保护区的推动下，当地老百姓成立了“马影湖大雁保护协会”，每年为鸟儿们迎来送往，帮助它们打造一个安全可靠的“驿站”。

关于当地老百姓自发组织开展的保护工作，一是有助于发现问题后快速做出反应，二是经由村庄中德高望重的人出面约束，能够更好地起到宣传、警示的效果。马影湖大雁保护协会的会员，都来自沿湖村庄，在候鸟回归的高峰期，村民们分工巡湖，确保周边老百姓的生产活动与鸟类的栖息地保持距离，一旦遇到问题，能够迅速地组织人马进行处理。

然而，对于老百姓而言，保护工作让渡了部分传统生计和时间，长期来看不可持续。保护和发展如何达到双赢的话题，也在马影湖畔的樟树许村引发了多方探讨。大家发现，依托马影湖的自然资源和交通优势，“观鸟经济”可能成为值得尝试的一条路径。在联合国粮食及农业组织、全球环境基金、保护国际基金会、赛得利集团等多方的支持下，马影湖畔樟树许村的村民开办了农家乐，为前来观鸟、拍鸟的人士提供基本的服务，一座利用当地传统民居，并动员当地石匠、木匠共同打造的“候鸟书屋”亮相了，让人耳目一新，成为集湿地自然教育、护鸟宣传、社区培训和议事、观鸟文化推广等多功能为一体的社区公共空间，也为村庄附近的小朋友提供了一个自发读书、学习的“心灵家园”。同时，马影湖自然教育课程设计、视觉形象设计、乡土特色伴手礼、有机农业园等更多传统建筑的恢复拯救，也正在筹集资金、规划和实践当中。

马影湖畔的樟树许村，用建设“生态社区”的思路，培育村民对家园的自豪感，并由此带来收益和幸福感，使之主动、热情地投身鄱阳湖候鸟和湿地的保护，创造发展和保护双赢的局面，是自然和社区和谐发展的一次尝试。

小朋友们如果有机会去到马影湖，一定要到樟树许村和“候鸟书屋”看一看，听说那边的小朋友常常跟着爷爷奶奶到湖区护鸟，都是识鸟高手，大家也可以比一比谁更厉害。

乡村社区的小朋友正在“候鸟书屋”看书

候鸟医院：一位老村医的40年

生活在鄱阳湖边的小朋友，一定听过“候鸟爷爷”李春如的故事。这位将近80高龄的老人，四十年如一日，在鄱阳湖畔守护和救治候鸟，感动了许多人。

如同我们人类会生病一样，鸟类也有吃坏肚子、吃错东西，或者不小心受伤的意外发生。我们人类生病后懂得看医生，受伤的鸟儿怎么办呢？40年前，当多数人都没有意识到鸟类也需要我们人类来保护的时候，生活在鄱阳湖畔李洞林村的李春如爷爷就把这一切看在眼里，作为一名医治人的医生，他把治病救人的看家本领用在了那些奄奄一息同样需要救治的鸟儿身上。

40年来，从李爷爷手中重回蓝天的鸟儿不计其数，在当地林业部门、保护区的支持下，他把自家临湖的一排老房子改造成了一所专门救治鸟儿的“候鸟医院”，并且远近闻名。经过当地媒体的宣传，生活在鄱阳湖畔的村民都知道不仅不能打鸟毒鸟，而且一旦捡拾到受伤的鸟儿，还有李爷爷这个专业的医生细心照料这些小生命。

李爷爷被人称为“鸟痴”。冬季的每一个清晨，李爷爷都会到湖区走一走，像守护家人一样看护着临近的这片湖岸线。有着“中华诗人”之称的李爷爷，用自己喜爱并潜心钻研的古诗词，记录着鸟儿们的日常生活和非同寻常的故事。比如，“踏遍鄱湖寻旧友，菊花香里又逢君”就记录了李爷爷医治了一只受伤的小白鹤，第二年深秋时节在湖区重逢的动人故事。这只被李爷爷起名叫作“小白”的白鹤，还是个“黄毛小子”的时候，差点中毒身亡，幸得李爷爷妙手回春，才捡回了一条性命。在李爷爷的悉心照料下，小白也退去了身上的黄毛，变成一只健康又漂亮的“大白”。让人惊喜的是，小白最终回归大部队，在完成了一年的迁徙之后，竟带着它的伴侣回到了李爷爷每天清晨守护着的那片湖区，这才有了“菊花香里又逢君”的动人一幕。

近些年来，由于湖区居民爱鸟护鸟意识的提高，猎杀鸟类的现象迅速减少，在环境保护组织们的帮助下，候鸟医院升级成为“候鸟医院自然课堂”，不但有小朋友们在这里学习关于大自然的知识，也有许多大朋友跟着李爷爷学习救助候鸟的技能。爱鸟护鸟的薪火，在这里得到了传承。

“候鸟医生”李春如教孩子观鸟

鄱阳湖有一支“巾帼巡护队”

去过乡村的小朋友们可能会发现，跟咱们城市孩子其乐融融一个大家庭的温馨画面不同，乡村的小朋友常常没有爸爸妈妈在身边，这也是我们所说的乡村“空心化”的普遍情形——大部分年轻人去了城市打工，留守乡村的，只剩下老弱妇孺，也有许多孙辈也不在身边的老人，成了孤寡老人。在都昌县的西源乡，就有这么一群老阿姨团结起来，做了一件极有意义的事：守护鄱阳湖的候鸟。

鄱阳湖野生动物救护协会的创始人段庆县是一位渔民伯伯，2010年自发洗脚上岸以后，成为护鸟人，开始参与冬季的湖区巡查，每个礼拜5至7次，每次巡湖不少于10千米。他深深地意识到个人的力量渺小，但群众的力量是无穷的。成立协会之后，为了发动更多的群众参与候鸟保护，段庆县走村串户，没少花功夫，但现实情况是，大多数的男性即便到了应该乐享晚年的岁数，还是会选择就近打临工。于是，一支“巾帼巡护队”就在这样不得已的情况下诞生了。

妇女确实能顶半边天，虽说年龄偏大，但她们个个吃苦耐劳，团结友善，并且有奉献精神，每天超过10千米的巡湖，常常在草洲、泥滩当中浅一脚、深一脚，不论刮风下雨，甚至在湖水刺骨寒冷的冬季穿着胶靴下水，她们也都丝毫不在话下。最早加入巡护队伍的曹乐亚，带动了她的渔民丈夫加入了巡湖护鸟的行列；村里的医生查玉莲，还发挥了她的专业技能，为伤病候鸟医治。除此之外，巾帼巡护队也充分发挥了她们在村口唠嗑的技能，在村里村外开展生态保护宣传。如今附近乡镇的居民，爱鸟护鸟的意识都十分高涨，一旦捡拾到受伤的鸟类，都会珍视它们的生命，送到鄱阳湖野生动物救护协会，接受专业医生的救治。

巾帼巡护队用她们的坚强坚忍扛起了一份艰难的工作，在照料家庭的同时，也贡献于社会。这群难能可贵的女巡护员，如同星光映照在湖面上般闪亮，她们让世人看见了女性蓬勃的力量。

巾帼巡护队在鄱阳湖洲滩拆除废弃的地笼©邱晓燕

鹤宝已经开始爱上鄱阳湖的朋友们了：
在水里自由自在的江豚小精灵，
总是带着一抹迷人的微笑；
洲滩上晃晃悠悠的小天鹅，
看起来不像是会跳芭蕾舞的样子；
还有爱说话的八哥，
真是人生当中不可缺少的八卦朋友。

不过，鄱阳湖那么大，
鹤宝还是决定到处去看看。
毕竟在它的任务清单里，
还有一幅鄱阳湖的全景地图。
爸爸说过，
要了解这个世界，去吃就对了。
“碟形湖”这个名字，
听起来就很好吃呢！

碟形湖盛宴

01 美食乐园

“去美食乐园！”鹤宝醒来听到的第一句，就是鹤爸决定的今日行程。

鄱阳湖遍地都是好吃的，还要专门去哪儿？鹤宝实在不愿意起这么早。

“各式各样的美食，还有各地的候鸟，那里可热闹了。”鹤妈一路上告诉鹤宝，“你爸觉得好的地方，就特别想带你去。”

向西飞越大湖，鹤宝的翅膀下先是泥滩与草洲，又陆续出现了几个小湖和小小湖。每片湖区都聚集着不少鸟儿，如同一间又一间的餐厅。鹤爸带着一家，熟练地找准一处湖畔降落，那应该是他最中意的老地方。附近有好几家白鹤在用餐，鹤爸依次打着招呼。

鹤宝环顾四周，感觉可以用“热火朝天”来形容。鸟儿们纷纷施展看家本领，用千奇百怪的方式找寻着各自喜爱的美味。泥和水的声音交响，水和泥的碎沫横飞，这分明就是运动会的竞技现场。

气氛最浓烈的要数白琵鹭方阵了。几十至上百只白琵鹭密布于及腿深的水中，嘴巴藏在水面之下，迅速且持续地摇头晃脑。偶尔有白琵鹭抬起脖子歇口气，露出深色大嘴，那造型完全就是长柄汤匙。不知刚才是扫荡到了软体动物，还是什么好菜，大大的饱嗝以及滴落的水珠表示“它很满意”。

优雅的进餐风格也是有的。往湖心方向，稍远的水面躲离了纷扰，漂浮着许多凤头䴙（pì）䴘（tī）。它们昂首挺胸，头顶的深色冠羽朝后梳得整整齐齐。似乎总是毫无预兆地，凤头䴙䴘一头扎下深水便销声匿迹。过会儿，它又从别处忽然冒出，利落地甩甩头，发型依然帅气，嘴里的小鱼亮得晃眼。

肚子咕咕叫了好几声，鹤宝才想起自己是来加入吃客团的。分秒不差，鹤爸递上了一大块没见过的植物根茎。

“这叫刺苦草？”鹤宝得知名字，缩起脖子，一脸拒绝。

【延伸阅读】

定制餐具

鸟的嘴也称为喙（huì）。细长的鸟喙如同筷子，可以从淤泥里、石头下翻东西。爱吃鱼的鸟大多有着刀子嘴，分为长刀、短刀和匕首。吃肉的鸟嘴尖带勾，吃水草的鸟则把嘴长成了筛子。而吃虫的鸟，嘴巴通常细细小小，特别尖。如果喜欢吃种子，鸟嘴就会厚实有力，能轻松嗑开坚硬的种壳。

同时，鸟的腿脚也要搭配得当。嘴长的多数拥有大长腿，可以蹚深水觅食；嘴短的想去深水就得会游泳，脚上长着蹼（pǔ），但走路就不靠谱了，摇摇摆摆总有些别扭。

普通翠鸟的嘴如同匕首，用来捕食鱼类©汤腾

作为亚洲最大的越冬候鸟栖息地，每年有超过60万只候鸟来到鄱阳湖湿地。为了保护全球湿地以及湿地资源，世界多国参与签署了《关于特别是作为水禽栖息地的国际重要湿地公约》，简称《湿地公约》。

中国于1992年加入《湿地公约》。经国际重要湿地公约秘书处批准，鄱阳湖现有两地被列入《国际重要湿地名录》，分别是江西鄱阳湖国家级自然保护区和江西鄱阳湖南矶湿地国家级自然保护区。

【思考/活动】

- 你见过鸟类吃东西吗？
- 它们是谁？分别是在什么地方，找到了什么好吃的？
- 能不能描述一下它们吃东西的姿势？

红隼是一种猛禽，带弯钩的嘴帮助它们撕开食物©汤腾

02 吃饭功夫

“鄱阳湖的著名特产刺苦草，连续多年被评为白鹤最喜爱的冬季美食。”鹤爸得意地介绍说，“知道哪儿的刺苦草最赞吗？就在你脚下。而爸爸给你的这块，绝对是极品中的极品。”

为了不辜负鹤爸的美意，鹤宝小心翼翼地尝了那块刺苦草根茎。竟然这么好吃！块大厚实，还脆爽甘甜，一下子就征服了鹤宝的味蕾。

“这种根茎，应该说是刺苦草的冬芽，储藏了大量养分，好吃又营养。”鹤妈一边喂着鹤宝，一边说，“生活中有些苦呢，听起来很可怕，但千万别被吓倒了，亲身尝试一下就知道，其实甜着呢！”

学着爸妈的样子，鹤宝在浅水区慢慢挪着步子，将整个脑袋伸进水里，用嘴巴往泥里挑来翻去。很快，鹤宝就在蹚浑水了，什么也看不清，只能感觉到无数柔软扁长的刺苦草叶子不停地抚着脚丫。忙活半天，鹤宝满嘴泥沙，却没挖到半块冬芽。

觅食是门技术活，鹤宝还不太会在水底淤泥里发现食物，不过已经投入到认真练习当中。一直闷着头，也不知走到哪儿，鹤宝突然好像撞到了谁。

爸妈始终跟在附近，而鹤宝的身边围绕着一群小屁股。水面之上，一座座屁股如山峰般指向天空。屁股们的主人正在水里埋头猛吃，偶尔露脸也仅一闪而过。当然，鹤宝还是认出了它们是绿翅鸭。

“腿短、嘴短、脖子短，潜水技术还太弱，咱们也只能倒立进餐了。”与鹤宝有着一撞之缘的绿翅鸭抹掉嘴角的眼子菜说，“地上的嫩芽、水面的叶子，只需张口就啃，唯独这些整棵泡在水里的沉水植物，最费功夫。”

“谁能抗拒可口水草的诱惑呢？”另一只绿翅鸭强调道。它也结束了大餐的上半场，挺起身子、扇动双翅，再晃晃脑袋、抖抖尾巴，放松了全身的筋骨。

【延伸阅读】

水生植物

水生植物当然离不开水，那些完全沉没在水里的被称为沉水植物。比如，白鹤爱吃的刺苦草，还有眼子菜、金鱼藻等。

根部固定在水底，茎叶直立挺拔且高出水面的植物，叫作挺水植物，包括芦苇、荸（bí）荠（qi）等。

扎根于水底泥中，一部分或是所有叶片浮在水上，就叫浮叶植物，如睡莲、荇（xìng）菜、菱（líng）。

没有固定位置，浮于水上随波逐流的就是漂浮植物，通常以浮萍、满江红为代表。

刺苦草©曾刚

芦苇©曾刚

水生植物依赖水而生存，水质的好坏必然影响其生活质量。一些敏感的水生植物，对水质要求较高，因而可以当作水环境的指示物种。它们的生长状态能直接反映出周边水体的污染情况。

与此同时，水生植物也为水体环境贡献着自己的力量。不仅能给水里的动物、微生物提供食物和庇护所，水生植物在净化水质方面也起到了重要作用。

【思考/活动】

- 你见过哪些水生植物？
- 它们的根、茎、叶在水里是什么状态？
- 你能判断出它们分别属于哪一类水生植物吗？

菱©曾刚

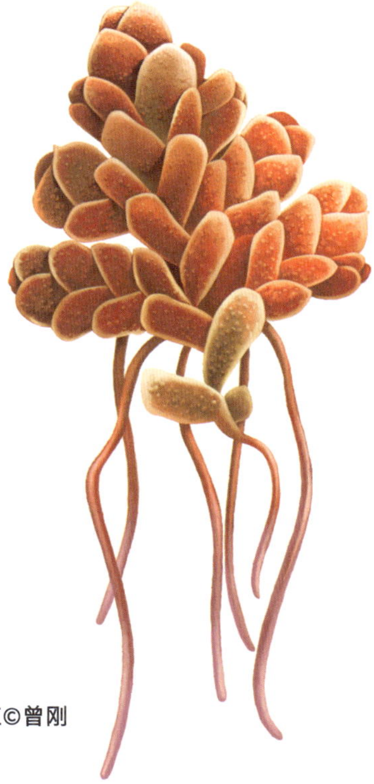

满江红©曾刚

03 宝藏之地

正午，太阳直白地盯着万物，几抹流云，移着移着就失踪了。温度上升，靠近地面的空气变得摇摇晃晃，仿佛整片鄱阳湖已陶醉于这场美食盛宴。

吃饱喝足后困意来袭，鸟儿们单脚站立或直接趴地，而水上晃悠最为惬意。它们有的缩着脖子、眯着眼，随意打个盹儿，有的干脆把脑袋塞进翅膀里，正式投奔梦乡。

也有少部分的鸟，嘴巴总算抽出空了，闲聊着之前谁都没在意的天气。还有更少数的鸟，始终奋战在大餐一线不停歇，堪称执着的吃货。

鹤宝一家绕到了小湖对岸，这里颇为僻静，水浅草高，适宜午休。睡不着的鹤宝呆呆望着远处，那片光洁平缓的泥滩上，一堆小毛球滚过来滚过去。

为了追踪小虫子或者翻找软体动物，环颈鸻（héng）紧盯地面迈起小碎步，跑出几米后突然驻足，像是卡住了，不久又继续快步小跑。它们的腿又细又小又短，同系列的小短嘴简直可以忽略不计，远远瞧着就只剩毛球了。

“这些小湖，算是迷你鄱阳湖吧？”鹤宝琢磨着任务清单，自言自语。

“碟形湖，只有秋季和冬季才出现哟。”一只鹤鹬（yù）悄无声息踱步而来，回应了鹤宝。

正巧，鹤宝抱着一大串疑问，赶紧向鹤鹬请教。

“鄱阳湖变小后，边缘地带都干了，只剩较深的地方还存着水。这些就是鄱阳湖的子湖，水浅坡缓，如同一个个碟子。”鹤鹬耐心解答着，赭红色的双腿在灰泥白水之上，分外醒目。

“是鄱阳湖的浓缩版吗？这些碟子里盛满了好吃的呀。”鹤宝想了想说。

“有荤有素不重样，满足家家户户多种口味。”鹤鹬笑着说，“尤其这种地形，还能照顾到高矮胖瘦各种身材。”

“真是宝藏之地。大家吃得有多开心，就表示这些碟形湖有多重要了。”鹤宝对鄱阳湖的认识又进了一步。

【延伸阅读】

无可替代的碟形湖

鄱阳湖的湖区内，每到枯水季节，显露于洲滩之中的子湖叫作碟形湖。这里有着特殊的地貌和水文，复杂多变的湿地景观，以及丰富的生物多样性。

在碟形湖及其周边，水生植物的群落有序分布，有利于底栖动物和鱼类生长。缓慢下降的水位，逐渐伸展的泥滩，非常适合鸟类活动，能为它们提供丰富的食物和歇息环境。因而，鄱阳湖80%以上的水鸟，都选择在碟形湖区域越冬。

东方白鹳等候鸟在碟形湖进食©杨帆

两年一度的鄱阳湖国际观鸟周，一般在12月初的鄱阳湖冬季最佳观鸟期举办。届时，由国内外的众多组织和嘉宾，共同参与开展学术论坛、国际观鸟赛、候鸟国际摄影展、公众自然教育等系列活动，从而推动环境保护、绿色发展的世界合作。

【思考/活动】

- 你见过碟形湖吗？
- 根据介绍，说说夏天的碟形湖是什么样子？
- 碟形湖里的植物和动物又会如何度过夏天呢？

碟形湖远景

04 虚惊一场

“落霞与孤鹜齐飞，秋水共长天一色。”暮光中，鹤宝一家来到一处空旷的草地，与几家亲戚汇合。鹤群集中过夜，可以互相照应，分担夜间守卫的工作。

一通嬉闹过后，小伙伴们都睡着了，鹤宝却越来越清醒。白天的美食撑饱了肚子，白天的思考也塞满了脑子，鹤宝决定再看看碟形湖，那是全景地图上必须详细描绘的。

皓月当空，大地透亮，夜晚的寒凉，才终于展现出冬天的存在。鹤宝悄悄挪着步子，直到远离鹤群才轻轻起飞，生怕惊动了放哨的大伯。

约莫到了一片湖，鹤宝落地，水中的月亮很美，不过旷野的风声拉紧了气氛。那边有丛芦苇，鹤宝打算当作掩护，自己一身褐黄，靠着走比较有安全感。

“这是哪儿？”还没多远，鹤宝就搞不清东南西北了。

“吴城啊。”乱乱草丛里的“芦苇秆”回答道。

鹤宝吓得原地弹起，直到对方走出来，才知道是大麻鳽（jiān）。它这一身枯草装，就算是天光大亮，近在眼前也难发现。

“真是胡闹，偷跑的吧，大晚上的也太危险了。”大麻鳽忍不住批评道。

“吴城也在保护区里吧？都说区内很安全的。”鹤宝辩解。

“你还不是迷了路？”大麻鳽说，“人类会定期巡护保护区，安全没问题，不过你没病没伤却被捡到，立刻全鄱阳湖都能知道你找不到方向了。”

确实挺丢脸的，鹤宝怯怯地说明原委，也向大麻鳽打听情况。

睡意消失的大麻鳽，开启了话匣子：“传说千年以前，发生了一场大地陷，正所谓，落海昏起吴城……”

一阵窸窸（xī）窣窣（sū）打断了夜聊，草丛里突然蹦出个庞然大物。鹤宝尖叫着扭头就跑，不仅丢了魂还忘了飞。那只动物似乎也吓得不轻，急促的脚步声越来越远。

等鹤宝缓过神来回头一看，远远的湖畔，一只獐（zhāng）轻快地跳跃在月光中。显然，彼此都虚惊一场。而大麻鳽仍立在原地不动，只不过全身的毛都炸开了。

【延伸阅读】

生态系统

在自然界的一定空间内，各种生物与环境相互影响、彼此制约，构成了和谐统一的整体，这个整体就叫生态系统。

生态系统的空间范围可大可小，但都是开放式的，需要有能量不断输入，从而维持着相对稳定的动态平衡。

完整健康的生态系统，能够保证其间的生物拥有良好条件来繁衍生息。而每种生物的正常生活，也能促进生态系统的稳定发展。

湿地生态系统

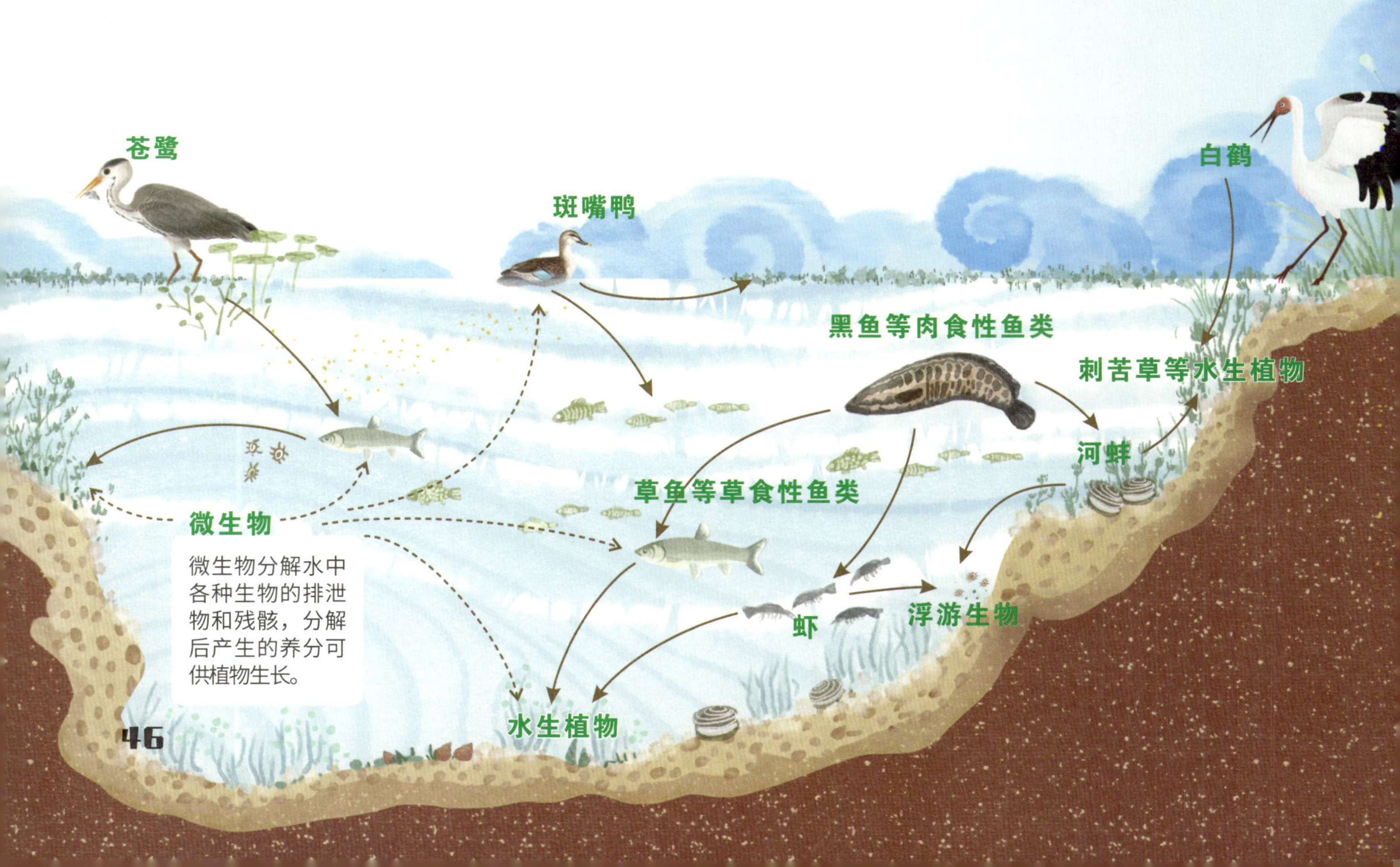

中华人民共和国第十三届全国人民代表大会常务委员会第三十二次会议，通过了《中华人民共和国湿地保护法》，该法自2022年6月1日起施行。

湿地保护法的制定，是为了加强湿地保护，维护湿地生态功能及生物多样性，保障生态安全，促进生态文明建设，实现人与自然和谐共生。

【思考/活动】

- 你最熟悉的生态系统中生活着哪些生物？它们之间是怎样的关系？
- 你最喜欢的动物生活在怎样的生态系统当中？

如今在吴城“候鸟小镇”，既可以游览“吉安会馆”等历史古迹，又可以观赏湿地生态系统的自然景观

05 保护故事

湿地恢复：帮鸟儿重建家园

不知道小朋友们是否记得2020年夏天鄱阳湖的那场洪水？由于上游各地雨下个不停，鄱阳湖的水位不断上升，逐渐超过了警戒线，湖区的房屋、农田和鱼塘渐次被淹没，最后变成了一片泽国，损失惨重，许多湖区同胞流离失所。洪水退去之后，无奈的人们重建了家园，保护区的科研工作者们也监测到异常的高水位让冬季归来越冬地的鸟儿们变得不太一样。

科研人员发现：曾经在鄱阳湖的湖区觅食野生湿地植物根茎的白鹤，大量聚集在藕塘和农田，食用人类种植的莲藕和稻谷。可想而知，这样的转变拉近了它们与人类的距离，即使铤而走险也要义无反顾地奔向人类的领地。咱们的白鹤乖乖们怎么了？一场洪水，究竟造成了怎样的连锁反应呢？

冬季鄱阳湖洲滩上以湿地植物为食的鸿雁和小天鹅 ©杨帆

白鹤是如何在生态系统中生存的

这就要从白鹤的主要食物——刺苦草冬芽说起。刺苦草是沉水植物，顾名思义，它们的植株在水中生长，根茎扎根在湖泊的底泥当中。鄱阳湖刺苦草的生长跟水文、气候、水质条件密切相关。在条件比较稳定的年份，刺苦草冬芽会按照自身的节律生长，春季萌发，夏季丰水期飞速生长，冬季地上部分死亡，以冬芽或者种子的形式度过冬天。而异常的气候、水文条件，会影响刺苦草的光合作用，抑制其生长，使其无法形成充足的冬芽。这对于冬季飞回鄱阳湖越冬的白鹤而言，就少了一道最爱的美食。2020年鄱阳湖大洪水，高水位持续时间特别长，科研人员对当年候鸟越冬期沉水植物冬芽的储量进行了调查，在白鹤往年十分喜爱的"食堂"常湖池，仅挖掘到1株黑藻冬芽，沉水植物可以说遭到了毁灭性的破坏。当然对于以生存为己任的白鹤而言，虽然最爱的食物不够，但吃还是必须的。白鹤找来找去，发现莲藕和稻谷还不赖，附近的人类也完全没有伤害它们的意思，就迅速地在人类的领地扎起了堆。

控水实验中的刺苦草

鄱阳湖作为东亚—澳大利西亚迁飞区中最大的越冬地，每年都有几十万只候鸟来此越冬，湿地植物是它们的主要食物之一。以白鹤为代表，还有小天鹅和鸿雁等鸟类，主要以湿地植物的块茎为食，比如刺苦草冬芽，白额雁、豆雁则以洲滩植物苔草为主要食物。而近年来受到水文、气候、环境等多重因素的影响，鄱阳湖植物群落发生了较大改变，对鄱阳湖湿地作为越冬候鸟栖息地的功能产生了较大的影响。

其实，湿地植物不仅仅是鸟类和鱼类的食物来源，作为湖泊里的初级生产者，它们可以利用自身的根、茎、叶等吸收水体中的营养物质，包括氮、磷等用于自身生长的营养元素，进而起到净化水质的作用。沉水植物茂密的枝叶上还会附着许多细菌、藻类和微生物群落，为浮游动物和其他无脊椎动物提供了食物和栖身之所，并且沉水植物在生长过程中会产生一种代谢物，能够抑制藻类生长，防止藻类暴发对湖泊生态造成毁灭性的影响。

以刺苦草为代表的沉水植物，是判断湖泊是否健康的重要标志。它们受到气候、水文、水质等条件的影响，作为初级生产者，又进一步影响了鱼类、鸟类等生物群落，如同一个链条上的关键一环。这个庞大的环环相扣的链条，就叫“生态系统”。

湿地监测与修复：让湿地精准回归

小朋友们从前面的讲解当中可以了解到，近几年来，鄱阳湖湿地受到气候、水文、水质等因素的影响比较大，鸟类纷纷出现了异常的情况。那么，我们应该怎么办呢？

收集足够的信息，理解其中的规律非常重要。这次要登场的黑科技，叫作“天空地立体监测体系”，意思是利用各种监测工具和手段，对鄱阳湖水、土、气、生四个生态要素进行系统全面的科学监测，全面掌握气候、水文、水质等变化会为鄱阳湖湿地生态系统及生物多样性带来怎样的改变，辨识湿地退化的因果关系，为鄱阳湖湿地恢复技术提供扎实的理论支撑。

在鄱阳湖国家级自然保护区范围内的碟形湖——常湖池，科研人员建成了“天空地立体监测体系”的湿地观测示范基地，配备了30米的高塔，进行24小时不间断地视频监测和气象观测；水质快速监测柜机能够实时监控水质的变化；无人机则不是用来简单地拍照，而是携带“高光谱与原位光谱分析仪”进行湿地生态系统的自动识别和分析。有了这些智能化的装备，科研人员甚至不用走进湿地，就能够精准地获取科学的数据，快速、高效地实现示范区气象、水位、水质、植被、湿地景观的立体监测。

“天空地立体监测体系”的监测塔

要将监测结果应用于湿地修复的实战演练，作为精益求精的科研工作者，实验是必经之路。我们知道，水位可能对沉水植物的生长造成毁灭性的影响，那么最重要的实验之一就是控制水位，了解水位波动究竟如何影响沉水植物的生命过程，在高水位的情况下，探索恢复沉水植物的办法，把最可口的美味还给白鹤们。

在鄱阳湖国家级自然保护区的湿地恢复示范区，科研工作者搭建了水位调控设施，可以模拟正常的和极端的水位，并且在不同深度安装“水下相机”，监控展示水下植被生长的实时动态，用以研究水位波动条件下鄱阳湖湿地植物的生长过程，在能够通过水闸控制水位的子湖泊制定最优的水位方案，如缓慢退水、持续一定时间后退水、快速退水等模式，使得白鹤等越冬候鸟达到鄱阳湖之前，冬芽达到最大的储量。一桌大餐准备就绪。

一起去看湿地的“理想国”

说到这里，小朋友们一定很想知道，一个完整的、健康的、生机勃勃的湿地生态系统到底长什么样呢？这不，鄱阳湖的科研工作者们，就是为了满足大家的这份好奇，别出心裁地打造了一处湿地“理想国”。一起去看一看吧！

这个湿地“理想国”，位于鄱阳湖的碟形湖——常湖池。根据鄱阳湖水鸟栖息地的特点，科研工作者在与观测点距离适中的地方，堆砌了一个湖心洲，并且在湖心洲周边挖土进行堆筑，形成平坦洲面、缓坡、浅水区、深水区等多样化生境，改变了原先子湖湖底的单一生境。不同种类的越冬候鸟对生境的偏好不同，如白鹤、东方白鹳喜欢靠近湖岸的浅水区，灰鹤、白枕鹤、雁类则喜欢苔草洲滩，凤头麦鸡更喜欢在光滩上停留。通过不同类型生境的组合，为不同鸟类欢聚一堂提供了重要前提。

下一步则是植被，湿生植物的恢复实验也在这里找到了用武之地。在湖心洲洲面密植苔草，满足越冬雁类的取食需求；在缓坡附近的水域，通过人工撒种或移栽幼苗的方式恢复沉水植被，为白鹤和小天鹅提供食物来源；沉水植被的恢复也为鱼类创造了适宜生境，同时也吸引了对鱼类情有独钟的水鸟来此觅食，比如，东方白鹳、白琵鹭等。通过控制水位，为植被的生长量身定制适宜的条件，让它们以最健康的状态生长。

为了湿地生态系统的整体健康，鱼儿们的幸福生活自然也不能忽视。在湖心洲周围，有一道特别的深沟，沟边上摆放了石块，作为产黏性卵鱼类的“产床”，比如，南方大口鲶，大家爱吃的“黄丫头”等，都喜爱将卵附着在石块上。科研人员也在沟内特定区域种植刺苦草、金鱼藻、狐尾藻、马来眼子菜、荇菜等植被，作为草食性鱼类的食物。深沟中还布置了鱼儿的家——“人工鱼礁”，是一些小型鱼类的“避难所”，底栖生物、藻类也喜爱附着在礁壁上，这又吸引了浮游生物和鱼类在此聚集。小小的人工鱼礁达到了保护、增殖渔业资源的目的。

草食性鱼类的食物。深沟中还布置了鱼儿的家——“人工鱼礁”，是一些小型鱼类的“避难所”，底栖生物、藻类也喜爱附着在礁壁上，这又吸引了浮游生物和鱼类在此聚集。小小的人工鱼礁达到了保护、增殖渔业资源的目的。

小朋友们大概已经发现了，这个湿地的“理想国”，就是为了让湿地生态系统当中

白鹤一家与小天鹅©汤腾

鹤宝和爸爸妈妈在碟形湖逛吃逛吃已经一个月了，
那可真是美丽的“鹤生”啊！
每天不但能吃个小肚儿圆圆，
能听到鸟类小伙伴们合奏震天响的交响乐，
还能欣赏到它们在半空中翻滚着好看的“鸟浪”。

每天都有好多人远远看着它们，
鹤宝也远远地注视着人类，它已经不再感到陌生了。
“我要飞得很高，看看这个世界”，
这一天，鹤宝在自己的作业本上写：
“在高高的天上，我看到长长的河流，
河流进入鄱阳湖的地方，
躺着一棵好大好大的树！”

探索三角洲

01 冷锋过境

寒潮突袭，气温陡降，浑厚的乌云集结下压，早晨的天一直亮不起来。风越来越猛，赶跑了前阵子的烈日和明月，但愿前些天的事也被刮得无影无踪。

蒙混过关是不可能的了，这样的天气里，出行受阻，却特别适合谈话。那夜独行失败，鹤宝被爸妈拎回去之后便沉默寡言了。爸妈倒也没有责备，依旧悉心照顾着鹤宝的生活。

气氛比乌云更沉，鹤宝抬不起头，但总算鼓起勇气，一五一十把想要当领队的梦想，还有各项计划和行动，从头到尾全招了。声音小到几乎连鹤宝自己都听不见，不过，鹤妈鹤爸全听明白了。

然后，世界就静音了，又不知不觉飘起雪花。鹤爸鹤妈相视一笑，有了相同的决定。

“来过鄱阳湖很多年，我们只是走马观花，缺乏深入了解。”鹤爸认真地说，“今后，支持梦想，严禁私逃，全家一起完成你的任务清单。”

鹤宝的脸“唰”地一下红了，不过白鹤的脸皮原本就是深红色，完全看不出来，只有自己感觉烫得厉害。然而，现在全身都冷得难忍，每一寸骨头缝由内往外透着寒意，这就是长江中下游的湿冷。

打着哆嗦的鹤宝，第一次体会到寒冷彻骨。就算到了度假胜地，还是得忍受生活里艰苦的一面啊；就算是北方来的候鸟，也同样冷到必须将绒毛蓬起，而全身又缩成球。

雪花大片大片地掉落。“去看超大的碟形湖吧。”鹤爸提议。穿行于风雪之中，鹤爸与鹤妈一前一后带着鹤宝，开启了今天的探索。此刻的鹤宝，分明感觉到了底气十足，浑身是劲。

白色包裹着世界，一切也都变得简单。俯瞰大地，洁白之间，唯有水在作画。大湖牵着一条河，又绕出了粗细不同的几道支流。那些随性而柔和的线条，便是大地舒展的脉络。

“河口三角洲？”降落在草洲之后，鹤宝又学到一个词。

【延伸阅读】

河口三角洲

河流汇入大海或大湖之前，河流结束的地方称为河口。由于大海和大湖的水面宽敞，水流进入后速度骤减，随水而来的泥沙就会大量沉积，日积月累，河口处便形成了三角形的沙洲，即河口三角洲。

赣江三角洲，是赣江汇入鄱阳湖的河口三角洲，比较罕见但具有典型的三角洲形态特征，表面平坦且水网密布，泥土深厚肥沃，非常适宜动植物的生长。不过，一旦赣江的水量增加，或是鄱阳湖的水位升高，赣江三角洲很容易被淹没。而在鄱阳湖的水位下降之后，仍有赣江水流持续注入，赣江三角洲又成了开阔的碟形湖。

鸟瞰赣江三角洲，如同一棵开枝散叶的大树，向鄱阳湖的腹地伸展©汤腾

纳五河，通长江，鄱阳湖堪称江西的“聚水盆”。千百年来，赣江、修河、信江、饶河、抚河源源不断汇入鄱阳湖，为鄱阳湖平原带来了大量养分，使得这里土地肥沃，物产丰富。通达长江，使得鄱阳湖常年维持着水量吞吐平衡，大大降低了发生旱涝灾害的风险。

【思考/活动】

下雪天，我们在屋子里取暖，一些动物躲进洞穴避寒，有些还会冬眠。但是，在树少水多的鄱阳湖，鸟类要如何度过雪天呢？

雪天里，反嘴鹬在湖泊觅食

02 白色世界

白茫茫一片的草洲上，除了纷纷扬扬的落雪外，还有随风瑟瑟的荻花。荻花并非荻的花朵，那一束束蓬松软糯的白色，其实是种子上的柔毛。带着种子去远方，是柔毛的使命，但在时机成熟之前，荻花如雪，摇曳了一秋又一冬。

来到更广阔的碟形湖——赣江三角洲，自然是美食当先。循声望去，透过几丛荻花，隐约可见一群小天鹅在雪地用餐，低鸣浅唱，甚为优雅。鹤宝还挂念着那位身残志坚的小天鹅，希望朋友一切安好。

选定位置开始吃饭，鹤宝这才发现，混着融雪的草地，在众多鸿雁、小天鹅的又踩又挖之下，早已变成了烂泥潭，大家从头到尾都沾着泥，甚至有些脑袋上只看得出眼白。显然，再狼狈也不过是外表而已，填饱肚子才是内在的充实。

大快朵颐之后，痛痛快快洗个澡，最为舒坦。水里并不太冷，鹤宝慢慢梳理着羽毛。一旁的小天鹅浮于水上，将脖子一压，羽毛一抖，周身的水花溅起又落下，就把污泥带走了，简直堪称“一洗白”。

小天鹅们端正了身姿，微微弯起修长的脖子，那身一尘不染的羽毛，即使没有太阳也能白到发光。小天鹅们与岸边的积雪荻花同框，好一幅典雅的冬日画卷。

低头看看自己，鹤宝沮丧极了。褐黄的斑块布满全身，像枯草，像淤泥，洗了半天跟没洗一个样。自己明明是一只白鹤，却完全不白，站在这片洁白的世界里，突兀得无法融入。

鹤宝渴望白色的羽毛，像爸妈一样美丽。最重要的是，那意味着长大，拥有更多勇气和能力，离优秀的领队就更进了一步。

“每件事都有必经的阶段，大自然都安排好了。你的保护色很好，这很重要，可以保证你的安全，抵消你的莽撞。”鹤妈看出了鹤宝的闷闷不乐。

“现在多冷啊，你有那么好的绒毛和羽毛，保暖功能、防水效果都超强的。可别光想着白不白呀。孩子，要有信心，给自己一些时间累积，才能真正长大。”鹤爸说。

【延伸阅读】

鸟的羽毛

羽毛，是鸟类区别于其他动物的一大特征。

鸟类的飞行，离不开翅膀上的飞羽。而全身柔软的羽毛，能让它们的皮肤免遭伤害，起到保暖、防水、防晒等作用。

从外观来说，羽毛是美丽的装饰，尤其在求偶阶段最为关键。不过，有些鸟类会用羽毛的配色来隐身，方便捕捉猎物或躲避天敌。也有些鸟的羽毛配色非常醒目且夸张，用以警告敌人、吓退对手。

凭借羽毛的绝佳伪装色，大麻鳽可以随时融入芦苇丛©汤腾

在自然保护区内，野生动物都是受到保护的。那么，离开了保护区的范围呢？早在1989年，我国就实施了《中华人民共和国野生动物保护法》，并于2018年做出修改。

这部法律的制定，旨在保护、拯救我国境内的珍贵、濒危的野生动物，保护、发展和合理利用野生动物资源，维护生态平衡。

【思考/活动】

- 在你认识的鸟类中，有哪些鸟的羽毛看起来比较特别?
- 这些羽毛分别是什么样子?
- 你知道它们各有什么作用吗?

防水又透气的羽毛，让白额雁无惧风雨，水滴滑落依旧潇洒©汤腾

03 神奇湿地

午后雪停，云层薄了些，偶尔能看到太阳——一个朦朦胧胧的小亮点。大地只存下了少量积雪，搭配着深深浅浅的棕黄色，那些是高个头的挺水植物。即使已经入冬休眠，植物们残留的茎叶仍以各种姿势铺满水岸，还来不及化作春泥。

很多植物都难以分辨，不过芦苇的高秆、菰（gū）的长叶，鹤宝能认得出来。尤其还有一种灰绿色的秆子，细细长长一大丛，鹤宝已经学会找寻，因为那下面就是脆甜的荸荠。

在全景地图上，这里要标在什么位置？鹤宝正与爸妈商量着。

“鄱阳湖的中心呀。”一只路过的凤头麦鸡说。

“我们在大湖的正中间？”鹤宝觉得不可思议，“这周围明明都是草洲和泥滩，离大湖很远的。”

“现在是枯水期。等到了夏天的丰水期，就能看出鄱阳湖的水面究竟有多大了。”凤头麦鸡介绍道，一撮小辫子被风吹得竖起又歪倒。

鹤宝想起之前听说的枯水一线，还有碟形湖，都是枯水期才会出现的。鄱阳湖的季节变化，实在是夸张到难以想象，鹤宝又问：“那我们现在是站在夏天的湖底了？”

“倒也未必。进入丰水期，绝大部分草洲会被淹没，这一片南矶湿地几乎就成了岛。你算是站在了湖心岛上。”凤头麦鸡说。

“湿地？”鹤宝不解地问道，“就是湿了的地方吗？”

“类似吧，有水，但又不会太深，可以说鄱阳湖就是个大湿地。我们这些鸟啊，还有其他动物啊、植物啊，全都靠着这片湿地生活。”凤头麦鸡慢慢说着。一抹阳光过来，它那一身暗绿色泛出了五彩的金属光泽。

“湿地太神奇了。”鹤宝感叹道，“你也好厉害，知道这么多。”

“很多都是听说的啦。我也是冬天才来到这里，没见过这儿的夏天。感兴趣了就勤学多问呗。”凤头麦鸡说，“对了，有朋友告诉我，传说中的湿地神兽麋（mí）鹿最近回归了呢。”

“神兽？回归？它是迷路了吗？”鹤宝惊讶极了。

【延伸阅读】

湿地的超强功能

水、土壤以及适应水中生活的生物，是湿地必备的三要素。湿地供养着丰富的物种，是众多生命的起源和分化中心，因而被称作“生命的摇篮”。

在涵养水源、蓄洪防旱、净化水质、调节气候等方面，湿地都发挥着关键的生态作用，成为无可替代的“地球之肾”。

此外，湿地不仅为人们提供食物和生产原料，还衍生出独特的文化及旅游资源。

位于南矶湿地入口处的自然教育中心

每年的2月2日是世界湿地日，世界各国的政府机构和民间组织会围绕每年湿地日的主题举行各种活动，提高公众的湿地保护意识。

【思考/活动】

- 在你的周围有哪些湿地？
- 这些湿地是什么样子的？里面分别有什么动物和植物？
- 你的生活和这些湿地有联系吗？

鄱阳湖里生活着数量众多的湖北钉螺

04 友好共处

麋鹿喜欢沼泽，又擅长游泳，总是一大家子待在一起。然而，适合麋鹿生活的地方实在太大了，鹤宝与爸妈寻寻觅觅好几圈，没发现半点麋鹿的踪影。

落地休息。周围的沼泽仍是深绿色，弥漫着淡淡青草气息，大概是常说的藜(lí)蒿(hāo)。远远地看去，一个“V”形身影几乎贴着草尖滑翔而来，然后收翅降落在一旁的空地上。白腹鹞(yào)来了，鹤宝立刻上前打听。

“几千年前这里就生活着很多麋鹿，可惜后来都消失了。”白腹鹞说，“近些年，人类从很远很远的地方，把麋鹿家族带回来了。虽然我也没见过，但感觉有了它们，鄱阳湖湿地会更完美。”

“原来神兽也要经历曲折。”鹤宝心想，“如果麋鹿有翅膀，或许就能早些回归家园了。以后，总有机会见到麋鹿吧。”

再次起飞不久，鹤宝被闹哄哄的声音吸引。那是几块规整的方形水面，鸟特别多。不过靠近才发现，有几个人正在拉网捕鱼，这儿应该就是鱼塘了。为了安全起见，鹤宝一家落在了离人最远的堤岸。

喧闹来自鱼塘之上，近百只红嘴鸥横冲直撞，毫无规律，也根本停不下来。偶尔会有几只俯冲水面叼起小鱼，但绝大部分红嘴鸥只顾着乱飞，纯属炒热气氛。

而鱼塘的周边，仿佛按了暂停键。堤上有一排鸬(lú)鹚(cí)，个个展翅呆立。这些羽毛不够防水的水鸟，每次钻水抓鱼之后，不得不晾干老半天。

堤下，有一动不动的苍鹭，如果没有胸前的长羽随风摆动，那就是一尊又一尊的雕塑。毕竟，苍鹭是凭实力获得了“老等”的绰号。

“人类喜欢鳙(yōng)鱼、青鱼、翘嘴鲌(bó)之类的大家伙。”在鹤宝的咨询下，一只苍鹭终于动了动脖子，慢慢聊起，“我们吃的只是小杂鱼，餐条、鳑鲏(páng pí)、麦穗鱼那些。”

见鹤宝有些疑惑，苍鹭说道：“保持安全距离，彼此相安无事。以前的渔民会‘斩秋湖’，围出的碟形湖我们也受益。现在的渔民，把鱼塘收鱼的日子推迟好多天，就是为了照顾候鸟的吃喝。”

【延伸阅读】

生物多样性

在某个区域内，一些动物、植物、微生物能够正常生活，并繁衍后代，延续基因，就表示它们与当地环境形成了牢固且复杂的生态关系。简单来说，这些生物种类以及彼此之间关联的丰富程度，可以概括为“生物多样性”。生物多样性包括物种多样性、遗传多样性以及生态系统多样性。

生物多样性是地球生命的基础，生物多样性越丰富，意味着该区域的自然环境越好。

物种多样性是生物多样性的关键，顾名思义，指动物、植物、微生物等种类的丰富性。比如，我们认识了白鹤、长江江豚、獐，也认识了刺苦草、芦苇、荇菜，还有成千上万我们认识或不认识的物种，它们共同构成了鄱阳湖美丽的大自然。

凤头䴙䴘

为了保护全球的生物多样性，联合国环境规划署发起了《生物多样性公约》，通过召开缔约国大会，讨论如何拯救濒危物种以及可持续利用生物资源。

联合国大会将每年的5月22日确立为国际生物多样性日，通过公共教育活动，增强民众对“生物多样性”的认知。

【思考/活动】

- 你知道鄱阳湖有多少种鸟类吗？
  请试着在书中找一找答案。
- 生物多样性和我们的生活有着怎样的关联？
- 我们可以为保护生物多样性做些什么呢？

獐©杨春

05 保护故事

物种监测：保护工作者的“十八般武艺”

通过前面的学习，小朋友们了解到鄱阳湖有三个以保护湿地为己任的保护区，它们分别是江西鄱阳湖国家级自然保护区、江西鄱阳湖南矶湿地国家级自然保护区、都昌候鸟省级自然保护区。为了让鄱阳湖的动物和植物有一个安全、安逸的生存环境，能够无忧无虑地茁壮成长，也为了让生活在鄱阳湖边的人们能够与湿地互不干扰、和谐共生，工作在保护区一线的科研人员日复一日地在一望无际的鄱阳湖草洲、滩涂和湖面之上开展艰苦的工作。其中一项重点工作，就是物种监测。在鄱阳湖区进行物种监测，指的是保护区的科研人员定期对生活在鄱阳湖的动物或者植物进行跟踪记录，评估它们的种类、数量、分布情况以及生活环境当中的威胁因子，进行科学研究，一旦发现某一物种的情况不容乐观，就会进行科学的分析，建议采取可行的措施，以方便保护区更好地开展湿地和物种的保护工作。

小朋友可能会产生疑问：鄱阳湖那么大，动物们又总是神出鬼没、行踪不定，物种监测工作一定很艰难吧？确实如此。为了更科学地、更有效地开展物种监测，保护区的科研人员不但需要付出大量的时间，更要使出十八般武艺，各种技能和工具齐上阵。那么，我们就跟着他们的脚步，走近四个生活在鄱阳湖的重点物种——白鹤、东方白鹳、长江江豚、獐，看看科研人员是如何追踪它们的足迹，在这个过程当中，又有什么有趣的发现。

保护区工作人员正在进行鸟类监测

鸟类“逢八监测”，人眼胜似“天眼”

最热闹的时候，有70多万只候鸟生活在4000多平方千米的鄱阳湖湿地之上。这个数字是怎样统计出来的？是天眼？是大数据？不！如今的鸟类监测，仍然没有捷径可走，只能靠肉眼去观察和计数。为了能够尽可能地接近“全覆盖”，三个保护区的近百位监测人员，必须擦亮双眼，同时行动。这里面最关键的，是“同步”，因为鸟类不像植物，它们瞬间就会飞得无影无踪，为了尽可能地保证不重复计数，工作人员会在同一时间内展开监测行动。在鄱阳湖，大家形成统一的默契，即为“逢八监测”：冬季月份的8号、18号和28号，工作人员会兵分各路，深入湖区每个角落，记录鸟的种类和数量，这项工作一直持续到春暖花开、水位上涨、鸟儿纷纷北归的时候结束。而此时，科研人员已经可以相对精准地掌握这个冬天的鸟类数据，以及不同种类的鸟儿在湖区分布、迁移的规律。

如果有机会在冬季去到鄱阳湖，小朋友们可以亲自体验一下最基础的鸟类监测工作——数鸟。当看到一群鸟儿飞过，最有经验的监测人员能够迅速判断种类、估测数量。当然，对于大多数监测人员而言，当鸟儿在洲滩上静止不动的时候，才是观察计数的最佳时机：先通过望远镜判断它们的种类，如果无法辨别，可以借助鸟类图谱的帮助。如果鸟儿的数量不多，可以这样数——1，2，3，4……如果数量成群，则可以10，20，30，40……成团地估算，当然，也可以让计数器来帮你做记录。

白鹤——架起跨国保护的桥梁

读了鹤宝的故事，小朋友们一定对白鹤不再陌生了吧。作为国家一级重点保护野生动物，也是咱们江西省的“省鸟”，这种有着洁白的羽毛、红扑扑的脸蛋和修长身形的小精灵，已然成了咱们的“国民小宝贝”，头顶王冠，光芒四射。

然而，小朋友们也需要了解的是，虽然世界上90%的白鹤会选择在鄱阳湖度过漫漫寒冬，但白鹤的全球总数量也不过4000余只，对于整个地球而言，这是一个极其微小的数字。所以，对于以保护湿地和鸟类为己任的保护区工作人员而言，监测和科研工作的意义非同寻常。

白鹤的迁徙距离很长，从鄱阳湖到西伯利亚最北边的雅库特，单程超过5000千米，每年有接近4个月在路上，沿途飞越的区域人口密集，面临着种种未知的风险。因此，保护白鹤不仅需要关注鄱阳湖，也需要关注它们漫长迁徙之旅中经过的区域。

保护区工作人员乘坐拖拉机到湖区深处进行鸟类监测

这不，就有一只著名的白鹤419，在它的漫长旅途中，牵动着大家的心。从中毒近乎身亡，到误踩捕兽夹之后断趾逃生，不幸成为单腿残疾，白鹤419在短短的几年里遭遇了各种“鹤生”的波澜起伏，还好遇到了善良的人类。它不仅被治愈，还穿上了“小马甲”——卫星跟踪器，一路由人类护航：从东北的辽河滩，到江西的鄱阳湖，再到南京的石臼湖，在419的迁徙路线上，各地爱鸟人士齐心协力，接力守卫这个了不起的勇士。如今，419已经在北极找到了“鹤生”的伴侣，它们相濡以沫，不离不弃，连续数年回到鄱阳湖。人们为这位伴侣起名“4197”，意为419的妻子。

为了更好地保护年复一年飞越国境的白鹤，鄱阳湖国家级自然保护区也同白鹤在夏季的家——位于西伯利亚荒原上的俄罗斯克塔雷克国家公园签订了合作协议，架起了国际合作的桥梁。经过20多年与全球知名的鹤类保护机构——国际鹤类基金会的合作，“鄱阳湖白鹤保护的探索与实践”成功入选了“生物多样性100+全球典型案例”。保护候鸟，人人有责，这也是来自世界各国人民的友好承诺。

东方白鹳——日常囧事全记录

国家一级重点保护野生动物——东方白鹳，也是鄱阳湖的常客。它们站起身来比一个小学四年级的小朋友还高，有着高冷、孤傲、不可一世的表情和气定神闲的姿态，但怎么也让人预料不到，在科研人员的监控摄像头里，竟然被小小的喜鹊驱赶得狼狈逃窜。

位于鄱阳县的一处高压铁塔上，东方白鹳正在巢中哺育幼鸟

东方白鹳原本是冬候鸟，每年春夏，会飞回北方的荒原，挑选大树筑巢，生养宝宝。但经过鄱阳湖国家级自然保护区连续20年的监测，每年都会有数量不少的东方白鹳选择留在鄱阳湖区，在高压铁塔筑巢，或者在元旦前后回到旧巢，经过一番“装修”之后继续使用。与荒原之地的大树不同，这种筑巢方式虽然也能一大家子享用“独栋别墅”，但非常危险，对于人类用电而言，也会带来线路短路的隐患。为了更好地观察这些东方白鹳的动态，了解它们生活习性的变化，也对短路风险未雨绸缪，保护区和国家电网的工作人员一起在鸟巢附近安装了监控设备，对东方白鹳的日常进行“现场直播”。因此，东方白鹳夫妇共筑爱巢、亲密无间、生养宝宝的家庭生活小细节，被记录无余，这也才有了高冷的东方白鹳被喜鹊追打的囧事“曝光”。

而到了冬季，东方白鹳还是会带着长大成人的宝宝们回到鄱阳湖生活。碟形湖是它们最爱的“食堂”，东方白鹳的大部队也从遥远的北方纷至沓来，跟它们共享丰盛的食物。在这些巨大的“碟子”里，各种各样的鱼儿足以让它们每天大快朵颐，而鄱阳湖的“十年禁渔”，对于喜爱吃鱼的东方白鹳而言更是一个了不起的消息，它们再也不用担心吃了渔民伯伯的鱼而遭到人类的驱赶了。

长江江豚——微笑天使的华丽转身

国家一级重点保护野生动物长江江豚，在整个长江流域仅存1000多头。几十年来，人们对长江沿线的开发以及渔业的过度捕捞，给长江江豚的生存环境造成了毁灭性的打击。它们的漂亮“表姐”——有着长江女神之称的白鳖豚，也已近乎野外灭绝了。这也是为什么鄱阳湖对于长江江豚而言，是一个绝无仅有的避难之所：大概一半左右的长江江豚种群生活在鄱阳湖。

为了更好地保护这种生活在水里的珍贵物种，跟鸟类的“逢八监测”类似，保护区的监测人员也会定期监测长江江豚的数量，确保它们的生存环境健康，减少人类活动的威胁。然而，跟鸟类监测不同，尤其在丰水季节宽阔的湖水当中，长江江豚的分布密度并不高，监测非易事。

都昌湖区监测到的长江江豚©罗鹏

因此，江豚监测必须坐船下湖，沿着长江江豚的出没线路行船，寻找它们的踪迹。所幸的是，作为哺乳动物的长江江豚，必须露出水面方能呼吸，这给工作人员的监测活动提供了一个“决定性的瞬间”——在视野可及的范围内，那一个个一跃而起的亮黑脊背，就是它们存在的证明。

进行长江江豚监测时，老渔民常常成为工作人员的好帮手。过去，他们以湖为家，对鄱阳湖的一切了然于胸，长江江豚更是时时刻刻伴其左右，“吹浪可以卜风”的它们，还是渔民们可靠的天气预报员和老伙伴。如今，十年禁渔，许多老渔民从过去的捕鱼人转身成为护鱼人。他们见证了这些年野生渔业资源的日益衰竭，深深地认识到只有短暂的舍弃，才能换来子孙后代的富足。而同样以捕鱼为生的长江江豚，不仅不会饿肚子了，受到渔网、渔船误伤的概率也变得微乎其微。更令人开心的是，工作人员也通过持续不断的监测发现，鄱阳湖的“跟屁虫”小江豚数量增加了，它们在妈妈的身边学习游泳和捕食的技能，一幅其乐融融的画面，让所有喜爱江豚、保护江豚的人感到莫大的欣慰。

獐——与监测人员捉迷藏

依赖湿地生存的动物非常多，除了翩翩飞舞的鸟类和生活在水里的顽皮精灵长江江豚外，还有更多难得一见的动物，它们都是大自然藏着的小惊喜。小朋友们可能会认为，难得一见，那一定是因为这些动物们个头太小。其实也不尽然。比如獐，旧称“河麂”。它是一种非常原始的鹿科动物，体形比鹿小一些，但仍然属于大型哺乳动物。目前，有大约1000头獐在鄱阳湖区域生活，只不过，一般都是“隐身”的。

科研人员为獐戴上卫星跟踪器©李言阔

獐的隐身之术，首先是因为它们生性敏感，会主动远离人为干扰。在鄱阳湖的枯水季节，南荻和芦苇会完美遮蔽了獐的体形和颜色，而到了丰水季节，獐会追随水位线，退回到湖畔茂密的丛林里。

对獐的监测和保护，也是保护区的重点工作，但獐深谙隐身之术，如何寻觅它们的行踪呢？没错，十八般武艺各显神通的时候又到了：一是看，监测人员可以通过粪便、足迹和卧迹，进行观察和判断。二是问，通过对保护区周边有狩猎历史的社区进行走访调查，监测人员能够侧面了解獐的生存状况，以及人们对保护工作的认知情况。三是拍，在獐可能出没的地方安装红外相机，就能够在完全不惊扰它们的情况下，得到獐“天然呆”的照片。四是追，但不是用脚，而是用卫星跟踪器，有了这个神器，监测人员不用半点脚力，就可以了解獐的方位和轨迹。

獐在湖区的传统观念里是一种“野味”，但如今已被列为国家二级重点保护野生动物，是禁止猎杀的。虽然对獐的监测和研究是保护区的工作任务，但保护野生动物其实也是全社会的责任。小朋友们可以跟爸爸妈妈一起做到的，是一定要对“野味”说“不”。

鹤爸告诉鹤宝，
过去的鄱阳湖上，密密麻麻都是渔船，
听东方白鹳说，它们爱吃的鱼越来越少。
后来，为了鄱阳湖的水好、鱼多，鸟类小伙伴有更多的食物，
渔民伯伯都上了岸，不再打鱼了。
“可惜我不太爱吃鱼。”鹤宝说。
在它的作业本上，今日的奇幻经历，
很巧也是关于人类朋友的：
今天去了一片收割后的稻田，
我吃了个饱，稻谷可真香呀，
我也被鹤类家族的叔叔阿姨们挤得透不过气来，
大家都开始拼命地补充体力了。
等到春天开始萌芽，世界有了绿意的时候，
我们也要准备飞回俄罗斯啦。
我知道，这是农民伯伯留给我们吃的稻谷。
真的舍不得这个“鱼米之乡”，人类都那么善良。

人鸟共家园

01 鹤舞稻香

冬季的白天总是太短暂，太阳早早收工，而月牙已高挂多时，身后还跟着一颗亮晶晶的小星星，谓之“金星合月”。眼下的首要任务，当然还是鹤宝的计划清单。新的探索地就在东南方向不远处，鹤宝一家很快便顺利抵达。

清冷潮湿的一夜，早晨被裹在了浓雾里。鹤宝不知身处何方，这里犹如凝固的独立时空，看不见四周和天空，也看不见过去和未来。唯一的真实就在脚下，摸不着边际却无比平坦的土地坚硬且粗糙，不似草洲的柔软，也没有泥滩的细腻，但特别踏实。

一同从朦胧中醒来的，还有附近的几家灰鹤。它们那身或浓或淡的灰，仿佛就是由这雾色生成。闲聊了几句，有只灰鹤昂起脖子，朝向无尽天空发出鹤鸣。接着，大家陆续和音鸣唱，再索性抖开翅膀跳起了舞。气氛顿时热络开来，鹤宝一家也加入这欢乐的晨雾之舞。

鹤群尽兴之后，阳光收走了雾气。鹤宝才知道，脚下是人类收割完的稻田。开阔到超乎想象的地面上，干枯的稻茬列队整齐，而美味早餐正是散落其间的稻谷，低头便可拾得。

一口一粒谷，走着走着，鹤群便各家散开了，再走着走着，鹤宝靠近了一只雉（zhì）鸡。这位身披五彩衣，翘着大长尾的雉鸡，也是来享用美味的。

“鄱阳湖东岸，可是著名的稻米之乡。一万年前，人类就开始在这一带耕种水稻，应该是全世界最早的。我们家族世世代代都品尝过了。”雉鸡边吃边聊。

“果然是特产，真香！”鹤宝边吃边听，赞不绝口。

“好东西自然能传下来。而且这儿还有个传统，农民在水稻秋收之后，会留下散落的稻谷，让我们鸟类好过冬。就是现在看到的这样。”雉鸡说。

鹤宝衔起一粒金黄的稻谷，有种暖暖的感觉，那是来自人类的善意吧。

【延伸阅读】

稻作文化

上饶市万年县境内的大源仙人洞吊桶环古文化遗址，是当今所知世界上最早的栽培稻遗址之一。这里的稻作文化，证明了长江中下游及其附近地区，是中国，也是世界水稻栽培文化的起源地和中心。

在长期的水稻耕作实践中，万年形成了独具地方特色的与稻米有关的习俗，有些仍沿袭至今。而历史悠久、品质优良的稻米，自南北朝开始就属特产，后来更被列为国米，从此有了“万年贡米”之称。

2010年，联合国粮食及农业组织将“万年稻作文化系统”列为“全球重要农业文化遗产”。

四种鹤类齐聚江西余干插旗洲稻田©曾庆灵

水稻需要水来孕育，人类也直接需要水。水是一切生命的基础，与我们关系最密切的“淡水”资源却十分有限。为了增强水危机意识，号召人们珍惜水，联合国大会将每年的3月22日确立为“世界水日”，各国都在这一天开展宣传活动，以提高公众的水资源保护意识。

“中国水周”的时间为每年的3月22日至28日。

【思考/活动】

水稻田除了为我们提供粮食外，
也能让一些动物有吃有住。
你知道有哪些动物会在稻田里活动吗？
它们分别出现在什么季节？

蝗虫是一种常见的农业害虫

02 善意满满

冬天的藕塘，枯秆嶙(lín)峋(xún)，只剩下各种弯折的线条。而在水底泥中，脆嫩的粉色藕节是最为上乘的佳肴。既能踩点考察，又有美味大餐，这样的行程越多越好，鹤宝对自己的计划很满意。

这几处藕塘也属于人类种植的吧，是否特意保持原样，鹤宝没来得及多想。因为藕塘里还有不少白鹤家族，小伙伴们喜相逢，聊个没完，抢着讲述各自近来的有趣经历。这么一盘点，鹤宝发现自己的收获也非常可观呢。

下一顿饭，鹤宝特意安排在芡(qiàn)实塘，听说那儿也是鸟类宜居点。结果，鹤宝一家在水上水下翻了大半天，空荡荡的芡实塘里，只有一些堆满大硬刺的叶柄，以及零碎到看不出形状的大叶片，同样密布着刺疙瘩。

现在，鹤宝一家只能随便吃些点心了。小螺、小蚌、小虾之类的，找起来麻烦，吃起来费劲，勉强垫垫肚子吧。在白鹤的菜单上，冬季食物超过90%都是植物根茎，偶尔到嘴边了才会来口荤菜。

被挫败感包围的鹤宝，完全没了食欲。不过，偏偏就有专为小鱼、小虾前来的吃客——一只东方白鹳翩然而至。

“野生的芡实很少，现在基本都是人工栽种的。”东方白鹳介绍道，“这些芡实塘，夏天特别受欢迎，美如水上凤凰的水雉，就爱在芡实叶上孵蛋养孩子。我也常来这里打包食物，回去喂宝宝。”

在鄱阳湖，鹤宝遇到过不少东方白鹳，都是来过寒假的。而眼前这位，竟然定居此地筑巢安家？

“迁徙并不是生活的唯一选择，心之所向即为家。”东方白鹳笑着说，“我还有几户同族的邻居呢。保护区里吃住方便又安全，周边的人类也很友好。大家觉得喜欢就留下了，来年想迁徙也可以呀。”

听起来真不错。鹤宝回想着这些天的见闻，渔民与鸟，农民与鸟，自古就能融洽相处，而且人们对鸟历来也是非常照顾的。

【延伸阅读】

斩秋湖

鄱阳湖地区，有一种传统的捕鱼作业模式——斩秋湖。秋季枯水期来临之前，渔民在湖滩上筑堤，造出一个个碟形湖。当鄱阳湖的水逐渐退去，许多水和鱼就被截留在碟形湖里。入冬后，渔民放干碟形湖的水，便可收获大量的鱼。

斩秋湖是独具地方特色的渔业文化，还能为候鸟提供丰富的食物。结合目前的十年禁渔政策，或许会有更好的方式来继承传统，维护渔业资源的恢复，营造候鸟喜爱的栖息地。

渔船与鸟群©汤腾

鄱阳湖的鱼，养育了一代又一代的湖区儿女。然而，近年来的无节制滥捕导致渔业资源枯竭，鄱阳湖的生态平衡也遭到破坏。

为了缓解鄱阳湖生物资源的衰退、维护生物多样性，自2021年1月1日0时起，鄱阳湖全面禁止天然渔业资源的生产性捕捞，禁捕期暂定十年。

【思考/活动】

鄱阳湖有着丰富的淡水渔业资源，是长江中下游天然的鱼类资源库、鱼类基因库和经济鱼类的原种基地。你认识鄱阳湖的哪些鱼？当地一般俗称什么？

鄱阳湖珍稀鱼类——胭脂鱼©刘飞

03 大地初醒

一天又一天，冬天已所剩无几。在一个清冷的早上，落叶枯秆和泥团土块，还有耐寒的青草与枝头的干果，全都镶上了白白的花边。大地披着一层薄霜，空气里有了一丝新鲜的气息。

农田间的河面上，晨光还未抵达，黑水鸡的身影已经划出了长长的水线。河岸一棵小树的光秃枝丫上，嫩芽还未绽开，珠颈斑鸠(jiū)的呼唤已经传到了远远的田边。

鹤宝一家就在河畔享受着悠闲的早餐时光。

打破这片宁静的，是凤头䴙䴘。不知是从天上还是水下现身的，两只凤头䴙䴘飙着高音，快速游着。它们也早早换成了色彩浓郁的演出服，似乎有一整套排练好的现代舞。两位表演者动作一致且明快利落，时而奔赴左右，时而靠近贴脖，时而振翅拍水对视，时而又并肩踏水同行。

“春天快到了。”一个看不见的声音说。

正欣赏凤头䴙䴘对舞的鹤宝，发现水里冒出了一只鸭。难道真的“春江水暖鸭先知”？不过，眼前这位是会潜水的、不用撅着屁股吃饭的青头潜鸭。

“再过阵子可热闹了，大家都穿上好看的繁殖羽，成天就是唱歌跳舞。”青头潜鸭说。

“有得忙咯。要衔草做窝孵蛋带娃，春暖花开就是倒数的自由日。”又一个看不见的声音说。直到草堆里动了，鹤宝才找到那只穿着迷彩服的彩鹬。

“谁家不养孩子？天伦之乐呀。”青头潜鸭说。

“看看人家白鹤，爸妈一起养一个孩子，多幸福。”彩鹬苦着脸说，“唱歌跳舞没我的份，可是一窝孩子全套事务就我自己操劳，多可怜。”

“别忘了你是好爸爸的模范代表呢。”青头潜鸭大声说道。彩鹬立刻就昂首挺胸，变得自豪起来了。

一旁的鹤宝听不明白，但很感动。鸟类世界太复杂了，什么奇怪事都有，只要大家开心、孩子健康就好。

【延伸阅读】

鸟类的繁殖

在春天，大部分鸟类进入繁殖期，第一件事就是求偶。为了取得对方青睐，求偶一方需要具备相应的优势，比如，美丽的羽毛、动听的歌声、灵巧的舞姿、丰厚的礼物、精美的房屋。这通常是道多选题，答案由被求偶的一方决定。

随后，就是筑巢孵蛋抚养幼鸟了。有些鸟是雄雌协同劳作，如白鹤；也有的鸟分工明确，如犀鸟，爸爸觅食，妈妈带娃；有些鸟单独包揽所有工作，如彩鹬爸爸，甚至还有鸟完全不做事，如噪鹃(juān)，除了生蛋外，其他全让别的鸟代劳。

小䴙䴘妈妈和它的四个宝宝

为了更好地推广爱鸟护鸟理念，普及野生动物保护知识，经国务院批准的《中华人民共和国陆生野生动物保护实施条例》，将“爱鸟周”活动以法规形式确定下来。

我国幅员辽阔，气候多有差异，因而各地的爱鸟周时间也不尽相同。江西省爱鸟周定于每年的4月1日至7日。

【思考/活动】

鸟类只在孵蛋和育雏的阶段才需要巢，其他任何时候都不会住在里面。你认识的鸟类，它们的巢分别搭建在什么地方呢？

是单家独栋还是集体公寓？

育雏的大白鹭©罗鹍

04 恋恋不舍

天空传来白鹤的鸣叫，那是家族里的讯号，鹤爸、鹤妈立刻给了回应。这几天，候鸟们陆续开始呼朋引伴，各家集合往北迁徙的时候到了。

时间也太快了吧。鹤宝十分着急，还有很多地方没去，很多故事没听，很多事情没做。鄱阳湖怎么那么大！第一次体会到失眠，鹤宝仰望星空，似乎也只认得猎户座。那些遥不可及的点点繁星，让它在迷迷糊糊之中，又多了些许惆怅。

某个午后，站在大湖边，鹤宝思绪万千。眼前有几只长江江豚，不时地探出水面换气，而身后不远处，就是鄱阳湖南岸的康山大堤。一道蓝光闪过，似乎划开了空气的沉闷。一只白胸翡(fěi)翠落到鹤宝附近，立足于大石块的小尖角上。

“找到适合生存的地方，便有了家。能够很好地生活下去，对家就产生了依赖。”白胸翡翠与鹤宝一起探讨着鹤宝那堆凌乱的疑惑。

“嗯，我已经把鄱阳湖当成家了，有种所谓的归属感吧。”鹤宝说。

“这个家园里，一草一木都与你有关。不仅是夏天的蝴蝶、甲虫、青蛙、夏候鸟，而且水里的大鱼小虾、长江江豚，以及草丛里的野兔、黄鼬(yòu)，都是跟你联系在一起的。”白胸翡翠说。

鹤宝听得似懂非懂。

“因为整片鄱阳湖湿地，就是一个完整的生态系统呀。”白胸翡翠继续解释道，“我们每一种动物、植物，都是这个生态系统的成员，表面看似没什么联系，实则缺一不可。”

“只是家园的一分子，我也那么重要吗？”鹤宝问。

“当然，一个也不能少！如果有任何一环断开，生态系统就不健康了，能直接影响到其他物种的生活。这就叫‘生命共同体’。所以，你才会有那么多的关心和担忧。”白胸翡翠说。

翌日，该启程了。跟随家族大部队，鹤宝离开鄱阳湖。路过都昌时，看到了大湖的枯水一线。鹤宝心想，我的家乡呀，秋天我还要再回来的，所有故事未完待续。再过几年，我应该就能胜任领队了吧。

【延伸阅读】

人与自然

鄱阳湖湿地，适合渔业发展，也适合农业生产。几千年来，我们的祖先以湖为家，形成了独特的渔耕文化。

曾经人们为了填饱肚子，在鄱阳湖进行过掠夺性的开垦和捕捞。如今，鄱阳湖的生态价值更为重要，人们把湿地还给了自然。在仅存的少量耕作区和养殖区，人们也会尽可能多地照顾鸟类等野生动物的生活。

人类与野生动物，都是大自然的一分子，唯有和谐相处，才能共同拥有美好的家园。

都昌鄱阳湖畔，一群东方白鹳飞过村庄©杨帆

2015年9月，联合国可持续发展峰会在纽约总部召开，联合国193个成员国在峰会上正式通过了17个可持续发展目标。

联合国可持续发展目标，旨在从2015年到2030年间，以综合方式彻底解决社会、经济和环境三个维度的发展问题，转向可持续发展道路。

【思考/活动】

- 鄱阳湖湿地是鸟类的家园，也是我们的家乡。
  鄱阳湖有哪些让你感到自豪的地方？
- 你觉得自己可以为家乡的环境保护做些什么？

晨光中的白鹤©杨帆

05 保护故事

有机农业：让人与自然更好地联结

鄱阳湖水草丰美、万鸟齐飞的景象令人感到视觉和心灵的震撼，但小朋友们兴许会发现，在鄱阳湖的周围，也遍布着村庄屋舍，农民伯伯在鱼塘养鱼、在农田耕种，在湖区禁止捕捞之前，鄱阳湖上还有渔获满满的打鱼船。没错，鄱阳湖自古以来也是人类世代居住的家园，而且没有鄱阳湖，就没有香喷喷的稻米、肥美的鱼虾，还有许多饭桌上必不可少的素食——莲藕、藜蒿、茭白、芡实等湖区鲜美的物产也没有了。

鄱阳湖从丰水一片向枯水一线的跌落，沉积了丰富的营养，滋养着沿湖的村庄，而湖泊自然生长的水生动植物，也为人类直接提供了食物来源。

去过鄱阳湖区的小朋友应该会有印象，在越接近湖边的地方，地形越平坦。咱们江西省三面环山，赣江、修河、信江、抚河、饶河的水从山中发源，携带着有机质，源源不断地注入鄱阳湖，鄱阳湖如同一个大水盆，不仅接纳了五条河流的水，也沉积了大量的有机质。地形平坦、有充足的水源灌溉、有天然的有机质沉积——这就是为什么鄱阳湖区自古以来就是中国重要的粮食产区。南宋鄱阳人洪迈在《容斋随笔》当中描述：“滨湖蒲鱼之利，膏腴七万顷，柔桑蚕茧盛……林麓木植之饶，水草蔬果之衍，鱼鳖禽畜之富”，可见鄱阳湖区农业条件之优越。

在鄱阳湖区从事生产生活的人类既然如此依赖鄱阳湖，那么随着人口的增长，会不会让它承担过重的负荷呢？

鄱阳湖畔的村庄和农田航拍图©刘进

湿地的负荷，与我们有关吗

刚刚的问题，答案是肯定的。尤其是到了现代，沿岸的工业又为鄱阳湖增添了一重新的负荷。单就农业而言，为了提高农业产量，人们越来越依赖农药、化肥。但事实上，目前化肥、农药的利用率很低，一般氮肥只有20%~40%可被吸收，农药在作物上附着率不超过10%~30%，其余大量顺着水流进入环境。

小朋友们在家里使用的自来水，都是十分清澈且达到饮用标准的水，更是经过了重重过滤。那么，请你们再仔细回忆一下：自然界见到的水，是怎样的？有的小朋友可能会说，是黄黄的或者绿绿的、蓝蓝的。其实，水原本是无色透明的，如果含有不溶于水的悬浮物或者微小的浮游植物，就会显得浑浊或者呈现不同的颜色，如黄色、绿色。一般情况下，这些浮游植物和水中的其他生物构成食物链，整个生态系统是平衡的、健康的。但是在乡村，农田当中的化肥、生活污水、牲畜粪便等顺着水的流动进入河流、湖泊，一旦超过了一定的量，当中的氮、磷等营养元素会造成浮游植物的大量繁殖，即我们所说的“水体富营养化”。我们更容易在流动性比较差的水体当中看到这种现象，比如，水面会被一层绿色或者红色的漂浮物覆盖得密不透光，水中的植物就难以进行光合作用，水中缺少氧气，鱼类也无法生存，整个湿地生态系统面临崩溃，依赖湿地生存的物种，如素食的“小仙子”白鹤、独爱鱼儿的“小精灵”江豚、对各种水生动物来者不拒的东方白鹳，都会面临着吃的困境。更危险的是，我们人类，也离不开湿地，离不开水源。

而用来灭虫、除草的农药，在杀灭农业害虫的同时，也杀死了其他生物，其中，可能包括这些农业害虫在自然界的天敌，也包括鱼类、鸟类和大量的昆虫。生态系统中原有的食物链被切断，自身的康复力也遭到破坏，结果导致农业害虫越发猖獗，农药用量越来越大，再次进入恶性循环。爸爸妈妈在家里清洗蔬菜或者水果的时候，一定会经常提到“去农残”，意思就是“去除农药残留”。其实，用来灭除农业害虫的农药，当中的有害物质不仅仅通过水果、蔬菜表面的残留来到我们身边，也会通过进入农田周遭的水环境迂回进入我们的身体。

水质改变、渔获物减少、生物多样性降低等现象，让大家逐渐意识到这些生态危机的终点还是我们人类自身的健康。鄱阳湖作为中国最大的淡水湖，应该首先是一个完整的湿地生态系统，它是平衡的、健康的，才能够更好地满足人类的种种需求。曾经向湿地单方面索取的我们，如何与自然共生共荣、共享健康，能否找到一种既有利于农业生产，又有利于环境健康的方式？如今，这已经成为沿湖居民努力的方向。

为什么要发展有机农业

我国作为历史悠久的农业古国，在传统农业当中，一直都懂得顺应并利用自然规律，这在当时的生产力条件下，是一种基于历史地理条件的农业智慧，在今天看来，却是一种值得学习的生态智慧。

比如，农民伯伯种植油菜，成熟以后用菜籽榨油，剩下的残渣就是一种极好的肥料；更常见的有机肥料则是畜禽粪便。这些天然的肥料，曾经为提高农业产量立下了汗马功劳。

小朋友们熟悉的蚯蚓，被人们称为农田生态系统的“工程师”，它们在土壤当中挖穴松土、分解有机物，能够为微生物的生长繁殖创造良好条件，帮助土壤实现物质循环和能量传递，改善土壤肥力。

天黑之前安放“杨树靶子”，利用棉铃虫的“趋味性”消灭虫害

在剧毒的农药被发明之前，农民伯伯为了减少棉铃虫对棉花的侵害，会将杨树的枝条捆扎成束放在田间，捕杀棉铃虫，因为棉铃虫的成虫蛾非常喜欢杨树枝条的气味。现代科学将动物的这种习性叫作“趋性”，常见的有趋光性、趋味性等。趋性在传统农业当中常常被用来捕杀农业害虫，是一种古老的自然农法。

然而，古老的自然农法一般需要投入大量的人力，也并不高效。将传统农业应用于现代农业，首先需要从一种经验转变为一种科学，从传统农业当中提取出智慧。

以发端于传统农业间作、套种的“立体农业”为例。在同一土地上，几种作物同时期播种叫间作，不同时期播种叫套种。农民伯伯按照不同作物的高矮胖瘦和独特“性格”，让它们高矮相间，层次分明，以改善通风、透光、养分条件，提高作物的产量，还可以有效保护土地。小朋友经常吃的大豆、豌豆、蚕豆等豆科植物，就是一类农民伯伯非常喜爱的作物“邻居”。大多数豆科植物的根系上都有很多的小疙瘩——根瘤，小疙瘩内叫作根瘤菌的细菌赋予小疙瘩一种叫作“固氮”的超能力。根瘤菌能够将土壤和空气中的氮气捕捉，转化为作物生长必需的营养物质——氮肥，不但能够自给自足，还能将多余营养输送给身旁的“邻居”。这样一来，就能够减少化肥的使用量，农民伯伯可以节约成本，土壤可以减少板结，也可以防止多余的肥料进入周围的水环境。

“邻里”共生的农业智慧

立体农业，往往会因时、因地制宜，产生各种脑洞大开的搭配。在咱们鄱阳湖区，由于水稻是普遍种植的粮食作物，水产养殖业也遍布临湖各地。这种需要“邻里”共生的模式，主要是将种植业和水产养殖业紧密衔接，简单来讲，就是让生活在水里的和生活在土里的做“邻居”。将水产养殖产生的粪污作为种植业的肥源，种植业为养殖业提供饲料，并消耗养殖业废弃物，使物质和能量在动植物之间进行转换和循环。

江西赣州市石城县的莲田养鱼工程就是一个成功的例子，让挺水植物——荷花与淡水鱼类做“邻居”，形成共生关系，人们在水中养鱼，泥中种莲藕，水上产莲籽，提高了土地利用率和产出率，成为莲农增收的新“法宝”。草鱼、鲢鱼、鳙鱼等鱼类以莲藕池的草和浮游生物为食，能防止浮萍大量繁殖，同莲藕争夺营养，造成草害；鱼类的粪便可以肥田，提高莲藕的产量，改善莲藕的品质；夏季温度过高时，荷叶还可以为鱼儿提供遮阴。生态鱼莲混养，不使用任何农药和化肥，不用除草剂和激素，仅施入有机肥或秸秆、荷叶等天然有机物。经初步计算，在莲田里养鱼，每亩莲田比不养鱼的莲田亩产增收1000多元。

江西九江市永修县则为鄱阳湖流域的主要粮食作物——水稻找到了一个更为靠谱的“邻居”——鳖，即甲鱼。甲鱼也是湖区居民喜爱的传统食材，味道非常鲜美，《诗经·大雅》中有“其肴维何，炰鳖鲜鱼”的描述。甲鱼喜欢栖息于水质清洁的江河、湖泊、水库、池塘等水域，对水质非常敏感，因此在稻鳖共作的稻田里养殖甲鱼，不能施用农药和化肥。甲鱼主要以稻田里的虫、草籽、软体动物为食，排泄物能够为水稻提供生长所需的天然肥料。并且，因为它们24小时不间断活动，疏松了土壤，干扰了害虫的繁殖，提升了水稻的品质。

除了稻鳖共作外，鄱阳湖区的共生搭档还有稻虾、稻鱼、稻鸭等，都是利用自然界的共生关系和不同物种的生长习性进行组合，各取所需，在生态系统的内部进行能量的交换和物质的循环，从而减少施肥和用药，降低生产成本，增加稻谷产值，具有良好的生态效益、经济效益和社会效益。

在鄱阳湖的这个冬天，
除了享用丰盛的大餐外，
鹤宝也圆满地完成了“作业”。
现在，它已经没有了满脑子的问号，
一幅故事满满的鄱阳湖全景地图让它觉得，
来年可以给更多的鹤宝讲故事了。

那么，同学们从它的奇趣生活当中有什么收获呢？
下次再去鄱阳湖，是否也可以像鹤宝一样，
去了解，去观察，找到故事里的那些有趣的点点滴滴？
最后，就让我们一起学习自然观察的小技巧，
一起去探索我们的家乡——鄱阳湖吧！

自然观察：我眼中的鄱阳湖

01 初识自然观察

小白鹤“鹤宝”和它带来的故事就暂时告一段落了，其实鹤宝在鄱阳湖的每一天都充满了各种奇趣。意犹未尽的你可以在生活和学习之余，对鹤宝去过的地方展开探索，相信会有更多的收获。探索有很多方式，自然观察就是其中一种。

数一数，图中有几种鹤 ©杨帆

什么是自然观察呢？步入自然，可能你经常会看到一种植物或动物就油然而生一些问题，比如，这是什么？这可以吃吗？其实，自然观察可以有更多的方式，也可以有更多的观察内容。

通过老师的带领，学习如何在自然中观察©孙萌萌

简单理解，自然观察就是放松心情走进自然，有意识地打开自己的感官，比如，眼睛、鼻子、嘴巴、耳朵等，用眼睛去看自然的色彩、生物们的外形特征和行为，用鼻子去闻自然的气息，用嘴巴去尝自然馈赠的味道，用手和身体去触摸和感受所在的自然。当你经常有意识地开始这些观察时，你会发现在自然的每一天都跟鹤宝经历的一样精彩，慢慢地，自然观察也会成为你的一种习惯，会让你对自然和周围环境更加敏锐。那到底该怎样做自然观察呢？

【延伸阅读】

自然观察小故事：雨后的清晨

雨后的清晨走在自然中的小径上，如果仔细观察，随时可能看见大自然派出来的信使。

有被雨水洗礼后更加娇嫩的花儿，花瓣上还有雨水的足迹，透过小水珠从不同角度可以看到好几种色彩，黄的、绿的、黑的……

有新长出来的毛茸茸的蘑菇，再仔细一看，还有一只昆虫正在上面活动……

还有闯入视线里嫩绿叶子后面的触角，它会是谁呢？天牛吗？在干什么呢？

迅速又尽量小动静地蹲下来，用手机拍照记录，原来是一只竹节虫的“幼虫”。它非常机敏，没等靠近就停止行动了！有没有发现竹节虫细长的脚和叶脉很像啊？这是我在自然中的观察故事，你也可尝试一下，或许有不同的收获与启发。

蒲儿根 ©陈子君

裂褶菌 ©海鹨

竹节虫正面照片 ©陈子君

【思考/活动】

就在今天，试着去观察下你的窗外都有哪些自然生物呢？它们在干什么呢？

02 在自然里做个小侦探

开启自然观察，我们首先需要确定观察什么，观察的对象可以是自然现象，比如，日出、夕阳、云朵、闪电等，也可以是针对某一个具体对象，比如，花、鸟、虫、鱼、兽等，它们常常被称为生物对象。

然后，再确定观察的内容，比如，它们有怎样的“装扮”——它们的外形特征有哪些？它们正在干什么？它们在吃什么？它们住在哪里？在住所会有怎样的趣事？它们的生长过程又是怎样的？它们的声音是什么样子的？你听到的可能传递了什么信号……这些内容简单来说就是它们的衣、食、住、行、育、音。自然观察也还有很多小技巧，这里跟大家分享“五感观察法”，方便大家从不同的角度去“看”。

用眼观察

用眼睛去看：看看眼前生物的形态、颜色和样貌（解读色彩的信息）、行为等。不要着急去确认它是谁或者可以吃吗？比如，当你看见白鹤时，请不要着急说“这是什么鸟”或者“哇，白鹤好美”。请去看看它的形态特征，它在干什么。

用鼻子观察

用鼻子去闻：闻闻自然的味道，叶片与花朵的味道，不同生物散发的味道，以及大环境的味道，如森林、草地、雨、海水和季节的味道。

用耳朵观察（绘制声音地图）

用嘴巴观察

用耳朵去听：学会区分不同观察对象的声音，可以记录下自己对于不同声音的第一感受，也可尝试通过听声音来辨别生物所在的位置，从而容易更近距离地观察。比如，鸟鸣、蛙叫、虫子求偶发出的声音，还有兽类行走、攀爬的声音。

用嘴巴去尝：酸、甜、苦、辣、咸、涩、甘，人生百味，品尝通常也会让你记忆深刻。但是要特别注意，在老师和家人指导下去尝，没有把握的东西不要乱尝。

用身体观察

用身体去感受：躺在草地上、落叶上、沙土上、石头上，用身体感受接触大自然。触摸一下湿地的生物，泥土、草、花、石头……感受粗、细、软、滑、硬……还可以试着蒙住眼睛再去触摸，感受自然物的触感与温度。

你还可以试着在白天和黑夜都开展一些观察活动，自然的惊喜在等着你。当然没有提前做好准备，等待你的也可能是惊吓。在鄱阳湖的四季自然观察，又需要注意什么呢？

【延伸阅读】

夜观

日夜更替，是我们再熟悉不过的日常了。白天和黑夜除了光线的变化外，在夜晚的自然，其实还有很多你所未知的精彩正在发生。

当夜幕降临，大多花儿们也悄无声息地“关门谢客”。比如，街边常见的龙胆、酢浆草，公园里常见的睡莲，还有熟悉的蒲公英，它们和众多会在夜间闭合花瓣的植物一样，选择以不同的姿态度过漫长黑夜，这是它们的生存智慧。

夜晚，众多日行性动物常会通过睡个饱觉来休养生息，比如，人类。很多夜行性动物却在此刻活动，很多兽类、昆虫忙着觅食，还有各种蛙类、虫子在引吭高歌，也有一些蜘蛛忙着修葺自己的大网，准备捕获下一顿大餐……夜晚的自然其实和白天一样，也充满了各种精彩，等待你去探索。

夜观提示：每年的4月到9月比较适合夜观。夜观时，一定要注意安全，紧随老师，学会正确使用手电筒，千万不要直射其他小朋友的眼睛。向老师学习正确观察和触摸小动物的方式，观察完毕不要带走小动物，请将小动物放回原处。

【思考/活动】

尝试在夜晚去观察家门口的自然，你都听见了几种声音？
用点和线的方式画下所听到的声音吧？

声音地图分享

03 鄱阳湖自然观察宝典

鄱阳湖“万鸟齐飞、遮天蔽日”的盛况可谓世界闻名，观鸟是鄱阳湖的热门自然观察活动，鄱阳湖观鸟的时机是秋、冬、春三个季节。11月下旬至2月下旬是候鸟的最佳观察期。

九江市都昌县的推荐观察点：马影湖、达子咀、大沔池、黄金咀、朱袍山、三山、后湖、万户西湖、泥湖大道等。

九江市永修县吴城镇周边的推荐观察点：大湖池、常湖池等。

南昌市新建区南矶乡周边的推荐观察点：常湖、白沙湖、矶山岛等。

上饶市余干县康山乡周边的推荐观察点：插旗洲农场、防洪堤信江段、防洪堤大莲子湖段等。

候鸟们来到鄱阳湖后，也会根据自己的喜好去到不同地方，所以不同推荐点可以观察到的候鸟也会有一些差别。预计观察到的候鸟除了鹤宝提到的之外，还有很多有趣的新朋友。这一切的相同与不同，新旧朋友都在等待你开启观察之旅。

在夏季白天，可观察一些鸟的繁殖行为，如家燕、苍鹭、蓝喉蜂虎、灰头麦鸡和斑嘴鸭等。夜间可观察昆虫和两栖爬行动物，如螽斯、萤火虫、泽蛙、王锦蛇等。

鹤宝提到的兽类朋友，很多在一年四季都可以开展观察，比如长江江豚，上午的8点到10点，夜晚落幕前看到的概率更大，秋季和冬季更易观察。鄱阳湖还有其他的动物，比如獐、麋鹿、黄鼬，它们在冬季比较容易被发现，但能观察到它们确实不易，需要你多去踩点、蹲守。

鹤宝提到的那些植物在哪里？它们有什么特征？与其他生物有怎样有趣的互动？需要你去亲身观察才能找到答案。在候鸟们到来的时节，可以多观察候鸟们的食物，比如苦草、蓼、苔草等。

秋季的鄱阳湖草洲上蓼花属一大特色，除了远观它们的层次、颜色外，还可以找适当区域近距离观察蓼花，比如，它的花瓣形状与数量、叶子形状与大小、喜欢什么样的土壤、吸引了哪些昆虫等。在春夏，特别推荐你去到周边湿地观察芡实、菱角等水生植物。

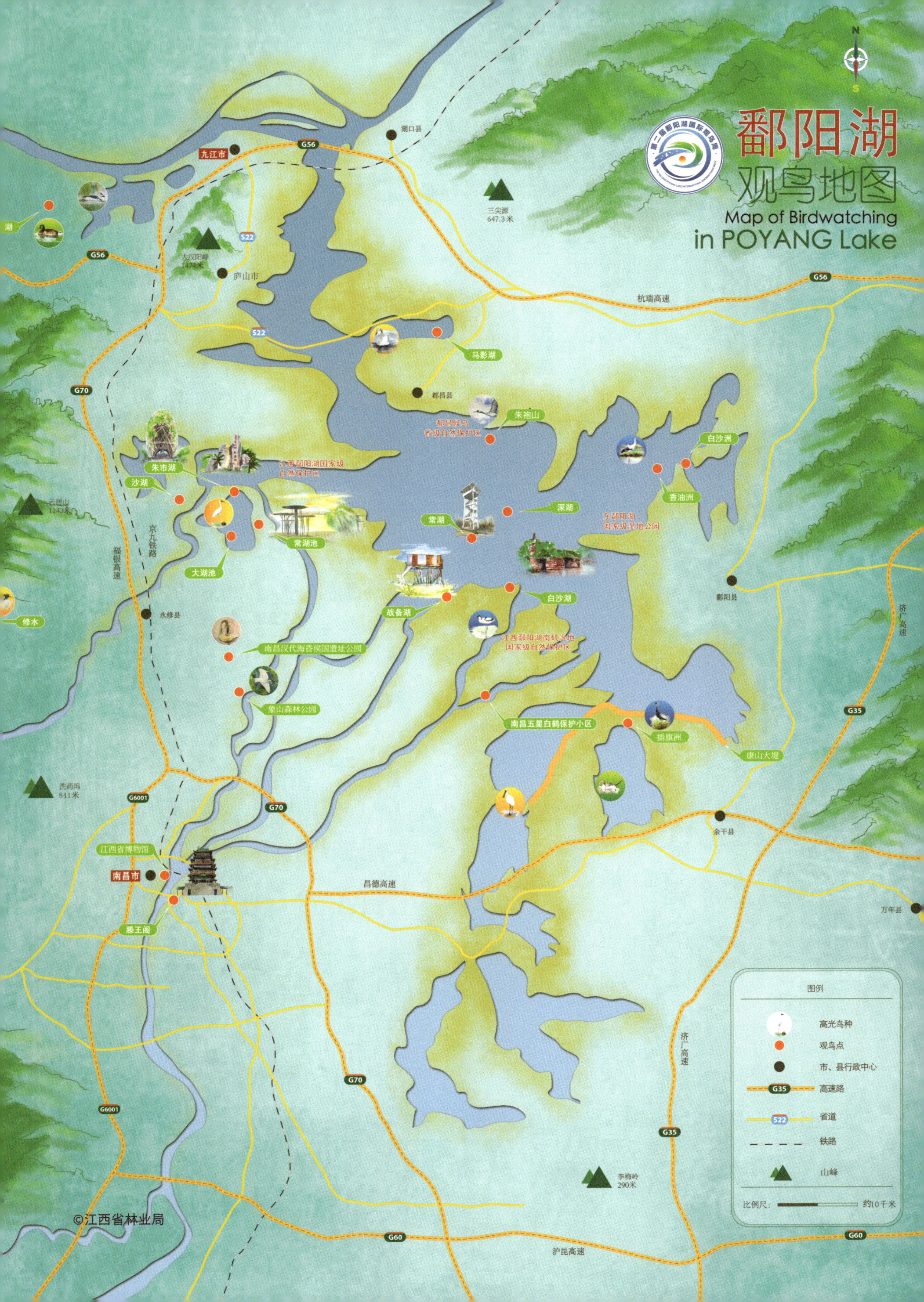
鄱阳湖
观鸟地图
Map of Birdwatching
in POYANG Lake
N
S
九江市
湖口县
G56
三尖源
647.3米
S22
大汉阳峰
1474米
庐山市
湖
G56
杭瑞高速
马影湖
都昌县
都昌候鸟
省级自然保护区
朱袍山
G70
白沙洲
香油洲
朱市湖
江西鄱阳湖国家级
自然保护区
沙湖
云居山
1143米
京九铁路
常湖
深湖
东鄱阳湖
国家级湿地公园
常湖池
大湖池
福银高速
战备湖
白沙湖
鄱阳县
修水
永修县
南昌汉代海昏侯国遗址公园
江西鄱阳湖南矶湿地
国家级自然保护区
济广高速
象山森林公园
南昌五星白鹤保护小区
插旗洲
康山大堤
G35
洗药坞
841米
G6001
G70
余干县
江西省博物馆
南昌市
昌德高速
万年县
滕王阁
图例
高光鸟种
观鸟点
市、县行政中心
G35
高速路
S22
省道
铁路
山峰
比例尺：
约10千米
济广高速
G70
G6001
G35
李梅岭
290米
©江西省林业局
G60
G60
沪昆高速

除了观察这些具体的动植物外，其实鄱阳湖一年四季的样貌也会有很大变化，可以试试在不同的季节去到同一个地点，观察湿地的样貌变化，相信你也会有很棒的收获。

鄱阳湖大美，也有很多潜在的“危险”，特别告知。

地形——“留意脚下”。夏季水位较深，自然观察时注意站位，当心坠湖。冬季湖面如有结冰，切勿步入冰面。秋季开始，草洲现出，一些区域大家可以步入观察，但湿地地形复杂，很多地方湿滑易陷，行走时需多留意脚下，合理着装。

极端天气——“事先功课要做足”。鄱阳湖春夏季多雷雨，天气转变迅速，活动前应查询天气，选择适宜的天气出发，出行常备雨衣，有恶劣气象预警一定不能出行。冬季时常有大风并伴随阴雨天气，湿度大，温度低，需特别注意防风保暖。

交通——“有报备的团队出行”。去到保护区大多需要乘车，建议跟家人或是学校组织的活动一起参与观察。

弯嘴滨鹬虽美，但观察时尽量远离水面，注意安全 ©汤腾

“**危险生物**”——“保持距离”。比如，银环蛇和短尾蝮，行走时，注意不要惊扰它们，以免它们被吓到后误伤你。必要的地方可尝试用木棍轻敲草丛，提醒它们你的到来，最好可以穿过膝盖的厚袜子。湖区周边也可能有放养的狗，需要注意观察，有意与它们保持距离。此外，鄱阳湖还有肉眼几乎看不见的血吸虫，它们生活在浅水区，开展自然观察时请勿步入甚至触摸湖里的水。还有有毒植物蓖麻籽、钩吻、多数野生的茄科和天南星科植物等，容易造成过敏的植物有荨麻、漆树科的漆树、盐肤木等，在观察时切勿品尝和触摸没有把握的植物。

知晓了上面提到的观察内容和注意事项，基本上可以开始你的自然观察啦！如果不能常有机会去鄱阳湖，也可先学习在家、学校周边的湿地、公园开展自然观察。不过出门前，应该怎样着装？带上什么工具呢？

短尾蝮©许济南

【延伸阅读】

血吸虫

在鄱阳湖区的主要是日本血吸虫，它通常肉眼不可见，它的虫卵孵出后进入钉螺体内生活，然后等待进入人类、兽类体内。当它进入体内后就会慢慢引发血吸虫病，患病初期会出现食欲减退、发热、过敏、腹部不适、肝脾大等症状。所以，鄱阳湖的广阔草洲上不让放牧，也不让参观者接触湖水。

血吸虫生活史与流行传播

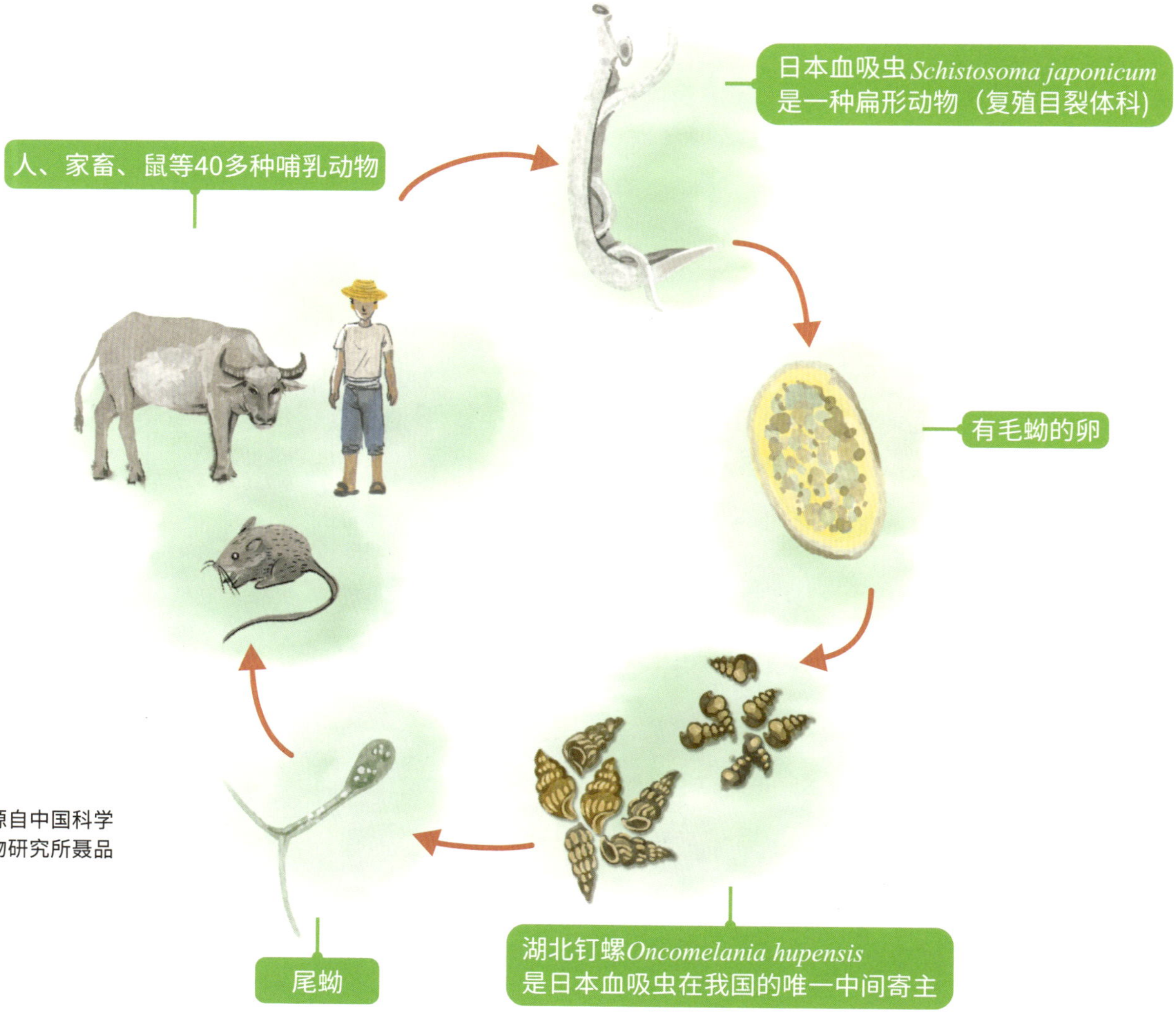

注：内容源自中国科学院水生生物研究所聂品研究员。

【思考/练习】

- 你听说过家乡人遇见血吸虫吗？
- 为什么鱼长期生活在鄱阳湖里却没有得血吸虫病呢？

利用鸬鹚的传统捕鱼方式©汤腾

04 自然观察准备清单

一次好的自然观察离不开事先的充分准备，下面的清单列出了在鄱阳湖开展自然观察的一些常用物品。对照清单，相信你能很快准备好。

类别	名称	说明
着装	素色衣服，“洋葱”穿法	过于鲜艳的颜色容易惊扰动物，要根据季节不同选择衣物。在秋冬季节，建议衣物多穿几层，方便冷热穿脱
	长袖衣裤，根据季节选择	长袖衣裤有助于防晒、防刮伤，夏季可以选择速干衣裤
	防滑、防水的鞋	湿地周边道路湿滑，需要防滑防水，即使是夏天也不太建议穿凉鞋，容易受蚊虫困扰
	长筒袜，根据季节选择	长筒袜可以对容易暴露出来的皮肤起到防护作用
	防风、防晒的帽子	防虫、防晒。湖边容易起风，帽子一定要是可以固定的，以免被风吹走，成为湖泊里的垃圾，还可能被动物误食
	雨衣	出发前应该提前了解好天气和气象预警，有预警一定不能出行！如临时遇雨，有雨衣可以解放双手继续一些观察
容器	双肩包	解放双手，方便装随身的物品
	方便封口的垃圾袋	建议重复利用家里购物的袋子，垃圾统一装好。不过，在放入垃圾桶时，还请注意垃圾分类标识
观察工具	望远镜	辅助观察远距离的自然，建议使用轻便的双筒望远镜。望远镜使用也是有学问的，观察前还需要提前查阅资料
	放大镜	观察植物或小的昆虫使用
	照相机	手机、微单、单反相机皆可。低年级开展自然观察，不太建议携带相机，不过有摄影特别爱好的除外

类别	名称	说明
观察工具	手电筒	夜观使用，也可在白天出行携带，以备紧急情况。建议携带有红光的头灯，或者是方便携带的强光手电筒。夜观的灯光使用也有很多需要注意的地方，需要提前做一些功课
	收集盒或袋子	自然物收集，如鸟的羽毛、种子等
	镊子	方便收集自然物，如羽毛、粪便，以免与不明生物接触
	绘画本或笔记本	最好是没有格子的空白本子，方便用笔画下所做的观察。刚开始画时不要担心自己绘画水平，跟随内心画出所观察到的即可。通过记录，无论是观察能力还是绘画能力都会慢慢提升
	笔	根据个人喜好，可以带签字笔、铅笔、彩铅、水彩笔等
	观察手册	当地动植物观察手册，如果遇见不认识的动植物，可以快速查阅。当然也可利用一些简单快速的手机小程序，比如，识鸟的懂鸟小程序，识植物的形色小程序、花伴侣小程序等
急救包	创可贴、碘酒、消毒棉片等	防止皮外伤，当然如果日常个人有需要的药品，也记得带上
清洁	湿巾、纸巾	望远镜和衣物容易沾上泥土、水，备上湿巾、纸巾以备不时之需
饮食	水杯及水	根据个人喜好用杯子携带温水或凉水，环保的同时，也方便续杯
	食物	少包装的充饥食物，如坚果、巧克力。建议购买时尽量购买简单大包装的，可以用饭盒或密封罐统一携带，减少户外垃圾

清单中有一些稍微专业的设备，比如照相机、望远镜等，这些装备能够帮助你更好地开展自然观察。不过刚开始观察时，可以通过活动报名参加，活动中主办方通常会提供设备，也可以向老师、同学、朋友借用。当然，也不必为没有所列专业设备而烦恼，轻装出发，着装恰当，背包装有水、食物、急救包、垃圾袋、本子、笔等，也可以做一些自然观察，关键在于开始。

【延伸阅读】

自然观察的记录——自然笔记

“自然笔记”这个名词，最早由美国自然学家克莱尔·沃克·莱斯利（Clare Walker Leslie）以及查尔斯·E·罗斯（Charles E. Roth）提出，简单来说就是用笔记录下自己的观察、认识和感受。一份自然笔记通常包括了一些基本元素，观察记录时间、地点、天气、记录人、所观察对象的图画、文字描述（客观观察和自己的感受都可以）。

伍婧涵（12岁）自然观察笔记（2021.10.23）

【思考/练习】

校园里有很多植物朋友陪伴着你，一定有你最喜欢或者有一点点讨厌的吧？

带上笔和本子，找到学校你最喜欢的一株植物，用笔记录下你的自然观察吧！

校园自然观察：常见的“邻居”——麻雀©罗鹍

·参考文献

国务院第三次全国国土调查领导小组办公室，自然资源部，国家统计局，2021. 第三次全国国土调查主要数据公报[J]. 自然资源通讯(17)：7–8.

黄一峰，2013. 自然观察达人养成术[M]. 北京：中信出版社.

江西省林业局，江西省林业生物多样性保护公报[EB/OL]. (2022–5–22) [2022–5–25]. http://www.jiangxi.gov.cn/art/2022/5/25/art–5241–3971478.html.

刘观华，余定坤，罗浩，2020.江西鄱阳湖国家级自然保护区自然资源2019—2020年监测报告[M]. 南昌：江西科学技术出版社.

刘阳，陈永华，2021. 中国鸟类观察手册[M]. 长沙：湖南科学技术出版社.

约翰·马敬能，卡伦·菲利普斯，何芬奇，2000. 中国鸟类野外手册[M]. 长沙：湖南教育出版社.

中国科学院中国植物志编辑委员会，2006. 中国植物志[M]. 北京：科学出版社.

·推荐读物

《自然观察达人养成术》——黄一峰

《与大自然捉迷藏》——徐仁修

《大自然小侦探》——徐仁修

《昆虫记》——【法】让·亨利·法布尔

《万物简史：少儿彩绘版》——【美】比尔·布莱森

《寂静的春天》——【美】蕾切尔·卡森

《惊奇之心》——【美】蕾切尔·卡森

《寂静的春天》

《昆虫记》

·推荐观影

《喜马拉雅》——【法】雅克·贝汉

《微观世界》——【法】雅克·贝汉

《迁徙的鸟》——【法】雅克·贝汉

《海洋》——【法】雅克·贝汉

《地球四季》——【法】雅克·贝汉

《海豚湾》——【美】路易·西霍尤斯

《昆虫总动员》——【法】伊莲·吉罗

《海洋》

《喜马拉雅》《微观世界》《迁徙的鸟》
雅克·贝汉三部曲